最美的昆虫科学馆

小昆虫大世界

最恶心的食粪虫
——嗡蜣螂、粪金龟

〔法〕法布尔／原著　胡延东／编译

天津出版传媒集团
天津科技翻译出版有限公司

前言

《昆虫记》是法国杰出昆虫学家、文学家法布尔的经典之作，它详细记载了多种昆虫的本能、习性、劳动、婚姻、繁衍、死亡、丧葬等习俗，堪称一部了解昆虫的百科全书。

然而《昆虫记》的意义又不仅于此，全书从人文关怀的视角出发，通过对昆虫习性的描写，展现了各种昆虫的个性特点，以及它们为了生存而做的不懈努力，体现了作者对昆虫的尊敬，对生命的关爱。

由于《昆虫记》是作者以“哲学家一般的思，美术家一般的看，文学家一般的感受与抒写”编著而成的史诗，也是尊重生命、讴歌生命的典范，所以它问世这一百多年来，便一版再版，先后被翻译成五十多种文字，一次又一次在读者中引起轰动。它的作者法布尔，也因对科学和文学方面的双重贡献，被誉为“科学诗人”“昆虫世界的荷马”“昆虫世界的维吉尔”。

作为中国中小学生的必读课外读物，《昆虫记》因其知识性和趣味性而备受关注，但它毕竟是一部科普巨著，这对课业繁重、理解能力有限的中小学生来说，是一项很大的“阅读工程”。所以本系列丛书就根据原版《昆虫记》所提供的有关昆虫生活习性的资料，以简单通俗的语言将每种昆虫的特点简要呈现出来，省去原书中专业化的术语及大量反复的实验论证过程，保留原书的叙事特色，让孩子在轻松愉快的阅读氛围中体验到昆虫王国的奇特。

本套《昆虫记》共分十册，其中《最恶心的食粪虫——嗡蜣螂、粪金龟》着重讲述了圣甲虫、嗡蜣螂、粪金龟等食粪虫的故事，对食粪虫制作粪球、净化环境及它们温馨的家庭生活描写较多，使人们一改对食粪虫的恶心和厌恶。相信您读了此书之后一定会重新认识食粪虫，为它们朴实的生活作风和高尚的灵魂所打动。

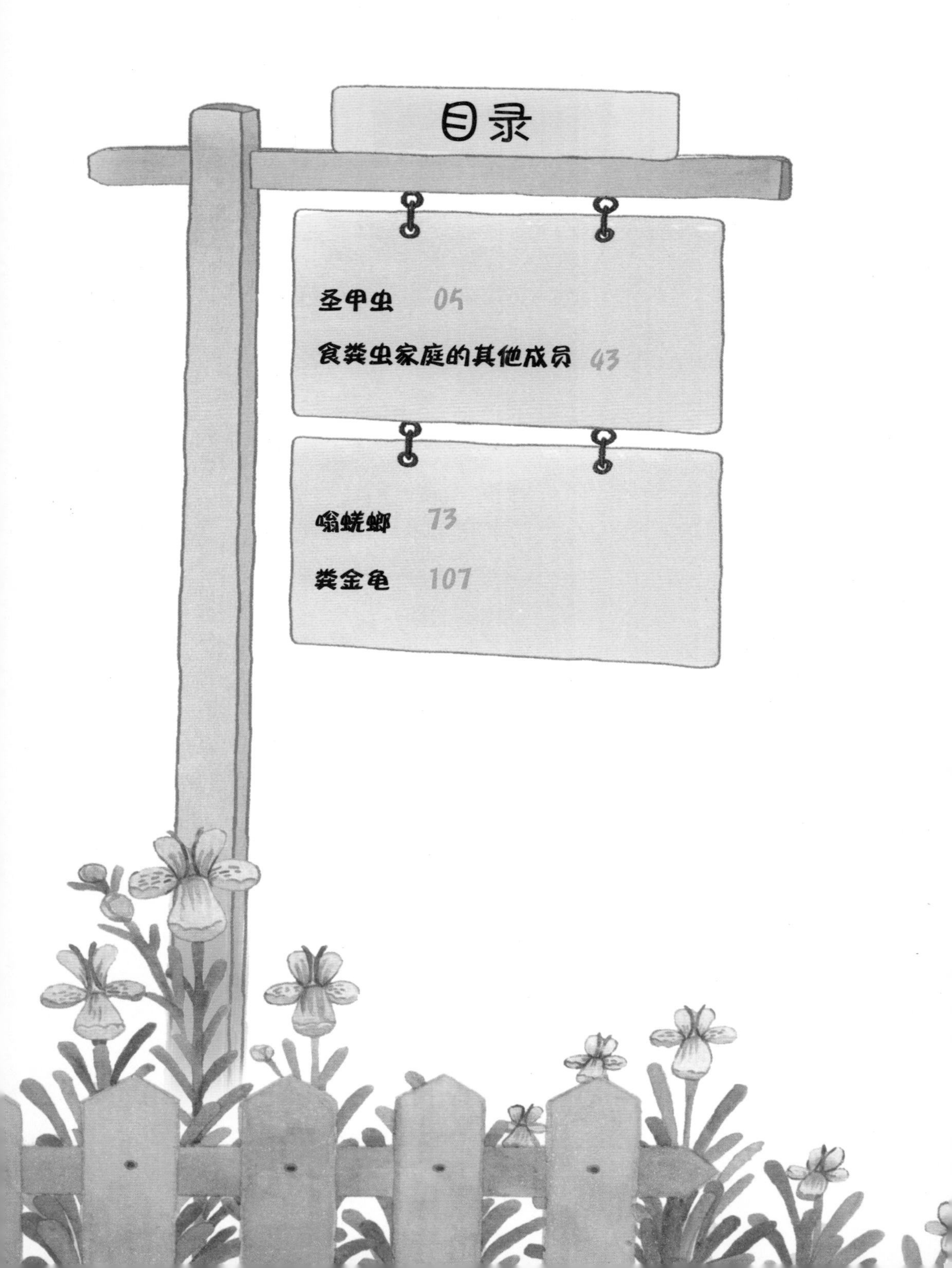

目录

圣甲虫

埃及人的宠儿

现在我开始为大家介绍一种奇特的昆虫：圣甲虫。圣甲虫是一种食粪虫，顾名思义，它是一种吃粪便的虫子。这个独特的风俗决定了它的一生必然与粪便为伍。而羔羊、骡马等喜欢随地大小便的牲畜，必然也会成为它们追随的先头部队。这些牲畜才刚排泄完毕，圣甲虫就会马不停蹄地赶过来，一头扎进热烘烘的粪便中，开始加工那令人叹为观止的粪球。这个话题后面我会重点讲述。

食粪虫这样奇特的生活习性让昆虫学家们感到震惊。他们向来喜欢给虫子随随便便地取个名字，如泥蜂、土蜂、石蜂等。但对于这些以粪土为生的虫子，科学家却赋予它们神话人物或历史人物的名字，如梅里贝、蒂迪尔、阿里克西斯、科里冬等。这些名字原本都是古代诗人们吟哦的对象，现在却成了卑微的食粪虫的名字。古罗马诗人维吉尔甚至还写了很多赞美食粪虫的诗句。

器重食粪虫的不仅仅是欧洲人，尼罗河流域的人同样也非常看重它们。圣甲虫就为埃及人所崇拜。据说在拉姆西斯和图特摩斯时代，古埃及人非常迷信圣甲虫。头朝下推动粪球的圣甲虫被大家认为是昼夜循环和地球旋转的

先知，埃及人将其奉为神明。

埃及人认为，圣甲虫推着粪球从东滚到西，意味着世界在死亡。它将粪球埋在土里28天，正好是月球的一个循环周期。第29天，圣甲虫会将粪球重新挖出来，扔到尼罗河中，于是一个循环结束。随着另一只圣甲虫从浸泡的粪球中爬出来，下一个循环开始了。

尽管法老的传说中混杂着荒谬的星相学，我也请你不要嘲笑这个古老的传说。更应受到嘲笑的是我们现在的科学，现在的书不还认为圣甲虫推动的粪球就是它的摇篮吗？

长达四分之一世纪的研究，已经让我对那个被神化了的粪球了解得清清楚楚。在这一章我将为大家揭开圣甲虫的神秘面纱，让大家了解圣甲虫的真实生活。下面，让我们有请埃及人膜拜的神祇——圣甲虫！

令人羡慕的家伙

食粪虫家族的成员似乎都是天生的食客。一旦嗅到粪料的气息，它们就成群结队的向食物赶去，仿佛等待着它们的是一顿盛宴。

我曾经多次见到过它们的觅食场景。阳光还不太炙热的时候，形形色色的食粪虫便已经聚集在冒着热气的粪料周围：有的在粪料表面梳耙，有的深入粪料深处钻探，还有的甚至直接打入粪料下层的土壤，以便能够以最快的速度把战利品妥善埋藏……奇怪的是，这些在脏兮兮的环境中工作的小生灵，自身却都散发着麝香的气息，腹部还闪耀着金属般的光泽。或许，这就是大自然对它们的补偿吧！

数百只大大小小的食粪虫工作正酣的时候，我们的主人公——圣甲虫登场了。它迈着细碎的步伐向粪堆赶来，长腿机械而急切地移动着，张开的触角仿

佛也暴露出它强烈的食欲。这个黑黝黝的大家伙终于赶到了，它轻易地用健壮的身躯挤走了几个早一步抵达的食粪虫，抢到了一个用餐的好位置。

现在，让我们认真地观察一下这个硕大的黑家伙。

只见它有两个像耙子一样的前足，上面长满了锯齿，左右一扒，便可以为自己清扫出一片领地。同时，它又用带角形锯齿的额头挑选和加工着自己的食物。这些锯齿可以剔除粗大的纤维，精选出最精细营养的食物。接下来，它将这些加工后的食物抱到自己的领地，放在肚子下面，开始用后面的四条腿对食物进行进一步的加工。粪和土被它放在肚子下面不停地振动，不一会儿，就被滚成了完美的球形。

工程进展得很快，圣甲虫不愧是加工粪球的行家，一粒小小的粪块只过了一会儿就变成了核桃大的粪球，再一会儿，又变成了苹果大。现在，食物已经加工好了，圣甲虫下一步的工作就是把它运回家了。

无与伦比的搬运设计

现在，圣甲虫需要从拥挤的工地中脱身，把食物运到安全的地方。如果只是原本的小小粪块，那么圣甲虫可以毫不费力地搬着它上路。可是现在，贪心的圣甲虫造出了一个苹果大小甚至成年男子拳头大小的粪球，对于这只小小的食粪虫，搬动它是完全不可能的。该怎么办呢？

这时候，圣甲虫开始展现它最惊人的习性了。只见它先用两条修长的后腿抱着粪球，足尖的爪子卡进粪球成为了独特的旋转轴；中间的两只脚抵住粪球作为支撑；两只长满锯齿的前腿交替着地，开始了艰辛的运输工作。

之所以说惊人，是因为圣甲虫这副样子着实尴尬——头朝下，屁股朝上，退着走路。

只见它两条后腿不停地变换旋转轴心，努力使粪球和自己的身体保持平衡。两条前腿不停地交替着地，确保粪球能向前移动一厘米，又一厘米。

虽然很难看，但圣甲虫这个布局结构很有科学依据：这样可保证粪球表面每一处地方都能与地面接触，使得粪球的每一处都能受到来自地面的同等压力，确保了粪球外形的完美和内部的结实，而不至于在运输的过程中变形或者流失。

途遇身份不明者

俗话说得好，前途是光明的，道路是曲折的，事实果然如此。

圣甲虫和它的粪球刚刚滚了几米远，就遇到了困难：一个大大的陡坡。沉重的粪球在翻越陡坡的途中滚了下去。这时候，圣甲虫的表现就有些愚蠢了——旁边明明有平地，它完全可以换一条道路前进的。

可它偏偏选择坚持这条难走的道路，结果，刚费了九牛二虎之力翻上陡坡，又很快滚下去，摔了一个底朝天，六条腿在不停乱动，似乎想要抓住自己的粪球。但即便如此，这只圣甲虫也并不泄气，它很快爬起来，再攀登，再摔倒，再爬起来，再次攀登。如此反复了十几次，当它意识到无论如何也无法越过这道障碍时，才打算放弃，改走别的道路。

但，我们看到的圣甲虫往往不是单独行动，经常会有另外一只圣甲虫主动参与帮忙的工作。来支援的一般都是初来乍到的家伙，它们自己的粪球才开工。难道它是想靠着自己的劳动多得一些食物？不是的。我的观察告诉我，圣甲虫家族并不熟谙人间的理论，我从未看到它们对粪球进行切割、分配。

那么，这是不是一种家庭的温情呢？雌雄圣甲虫分头行动，当一只做好粪球后，另一只才过来帮忙搬运。就像人类的“你挑水来我浇园”一样，它们共同努力建设自己的小家庭？也不是的。我曾经为了证明这一猜测解剖了几组一同搬运的圣甲虫，结果却发现它们大多是同一性别的组合。既不是劳作伙伴，也不是家庭成员，这只新加入的圣甲虫究竟怀抱着什么样的目的？其实，它是个企图抢劫的坏家伙。它刚刚抵达粪堆，要做出一只完美的粪球还需要付出大量的劳动。与其自己忙忙碌碌、辛辛苦苦，还不如假意帮忙，看准机会把别人的粪球抢过来据为己有。即使抢不走，也能借着帮忙的名义享受一顿午餐，何乐而不为呢？

抢劫成性的圣甲虫

大部分食粪虫都偏爱在阴暗的环境下工作，圣甲虫则不然。它总是在白日里穿着闪亮的盔甲出去劳作。即使是在天气最炎热、阳光最刺眼的时候，它也不会像其他食粪虫一样躲到自己的粪便屋顶下面。但这种对阳光的热爱，有时也会给圣甲虫带来困扰。由于其他食粪虫总是在黑暗中行动，因此即便有一只占领了富足的粪堆，也不会引起觊觎。而圣甲虫社会却难以出现

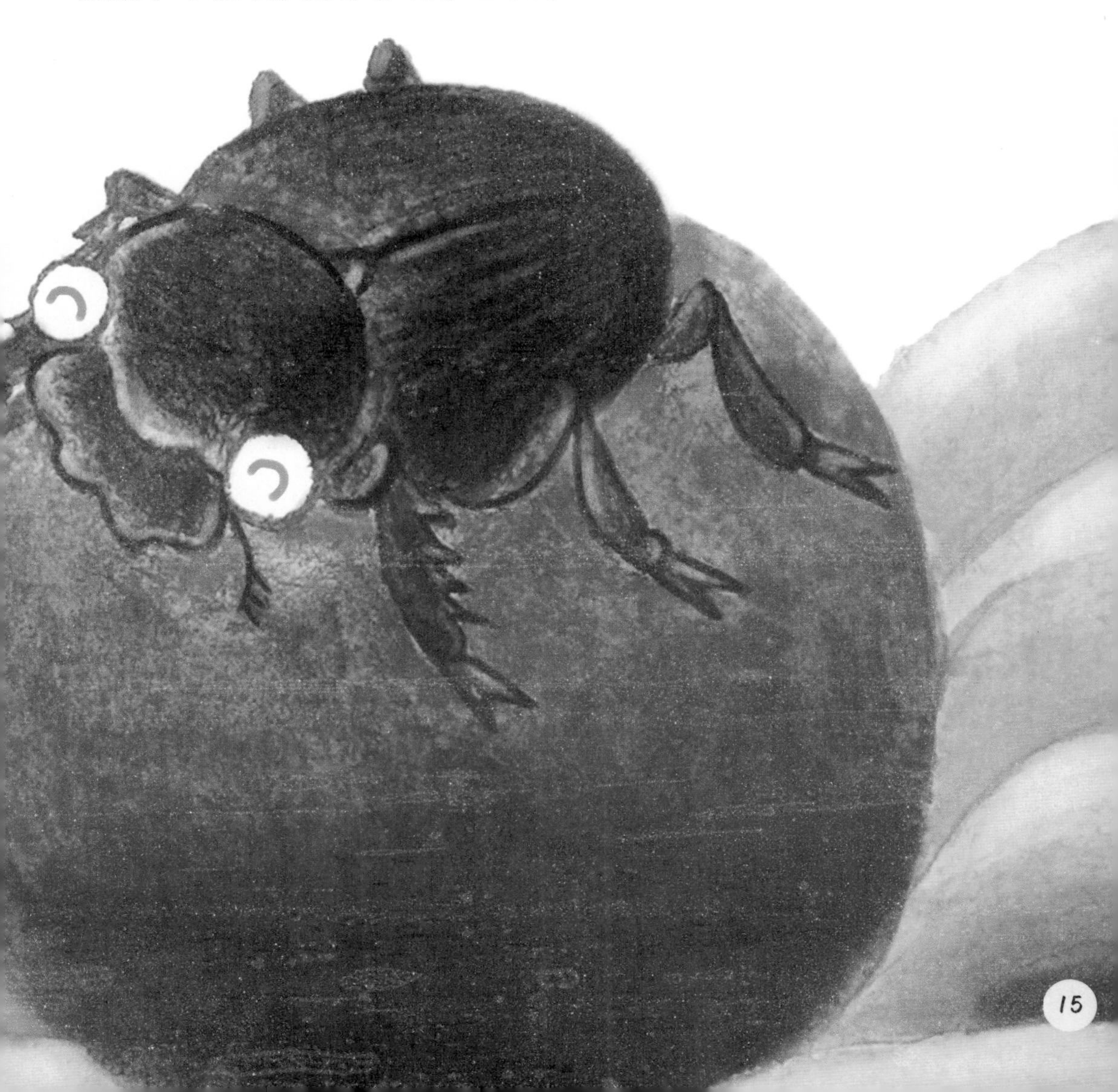

这样和谐的场景，光天化日下，粪球的主人极易遭到其他同类的袭击。

在圣甲虫社会，抢劫的行为时有发生；保守一点的，就像我们之前所说的那样假装施以援手，等待时机；而胆子更大、身体更健壮的就索性做起了劫道的营生。

一只圣甲虫正怡然自得地推着粪球回家。这时，不知从哪里飞出另一只圣甲虫，直接把粪球的主人推倒在地。而可怜的主人由于正推着粪球，根本无力反抗，一下子被推倒在地，六脚朝天地挣扎了好一会儿才翻转过来。而这时，可恶的强盗已经跳上了粪球，占据了进可攻退可守的有利位置。

面对这种情况，翻转起来的粪球主人绕着粪球走了一圈，看到右侧的土地有些松软，很快便想出好办法：只见它飞速钻进松软的土中，很快就挖掉一些土，连粪球右侧的地方也顺便挖掉一些，做成一个地道，然后用力一顶，坐在粪球上方的“强盗”便开始摇摇晃晃起来。再用力一顶，“强盗”

几乎要从粪球上摔下来。作为“强盗”的它只能狼狈地将指甲掐进粪球中，但这样却导致粪球随着它一起转动、翻转。最后，它彻底摔下来，失去了高高在上的有利位置。

现在，狼狈不堪的“强盗”，面对着已经在地上全副武装的粪球主人，依然不肯示弱。双方互相瞪视着，很快便扑在一起厮打起来。它们时而腿勾着腿近距离搏斗；时而分开，用额头上同样尖利的锯齿互相攻击。双方武器撞击，发出吱吱嘎嘎的声音，战斗异常激烈。

一个粪球引发的惊人战争，究竟谁会先退出？毫无疑问，作为侵略者的一方，显然是有备而来。而退让，也不是粪球主人的作风。它最终凭借自己的勇武，捍卫了来之不易的劳动成果。而战败的一方却仍不死心，为了避免更大的纷争，主人只好同意它一同运输自己宝贵的食物。

艰难的合作

我提到过，一个圣甲虫滚着粪球的时候，总会有其他心怀不轨的“合伙人”过来帮忙。它们在合作时职责并不相同。“主人”像平常一样从后面握着粪球，而不请自来的“合伙人”则用长着锯齿的前足从前面拉拽。你可能会想象出一幅默契合作的场景，但现实往往与之相距甚远。“主人”由于视线被遮挡，看不清道路；而“合伙人”则身体扭曲，使不上力气。我常常看到这对蹩脚的搭档狼狈地摔成一团。

既然帮不上忙，“合伙人”总该放弃了吧？并没有。这个厚脸皮的家伙索性缩起脚，趴在粪球上面，由“主人”推着和粪球一起滚动。即便是遇到陡坡，它还是稳稳地趴在粪球上，而可怜的主人则要拼尽全力推着比原先更加沉重的粪球

翻越障碍。

在一旁观察的我发现了它们这种奇怪的合作方式，故意用一根大头针将粪球钉在地上。这样，无论主人多么努力，也无法独立完成运输工作了。它绕着粪球转了两三圈，都没发现问题究竟出在哪里，该如何解决。它以为是“合伙人”在捣鬼，爬上去看看，也没发现什么，因为大头针插得很深。

此时，“合伙人”看着粪球的主人忙碌地转来转去，也意识到出了什么问题，它跳下粪球，也想看个究竟。它们通过反复地检查、探测，终于发现大头针的存在，并很快想出解决问题的办法。

这时两只圣甲虫才真正地联手。它们一个在左侧，一个在右侧，钻进粪球的下面，不停地转动粪球，使它绕着大头针旋转、滑动。随着粪球的不断上升，它们也由最先的趴着，慢慢站起来，并最终用背顶起来。但它们的身高实在有限，大头针实在太长了，当它们完全挺直身体之后，发现粪球依然无法摆脱大头针。

这时，我悄悄地在它们脚下垫了些小石头，它们这才将粪球抬到一个新的高度。1厘米、2厘米、3厘米……最后它们终于成功地将粪球从大头针上拉了下来！

但是，这是不是表示，圣甲虫就像之前的某些书籍描述的那样，具有合作的思想呢？我的答案是否定的。即使是在高度不够的时候，这两只圣甲虫也只是像单独作战一样顶着粪球，却从没有想到如果它们叠在一起可以将粪球抬得更高。它们甚至没有主动站到我垫的小石头上——最终的成功是因为其中的一只偶然经过了那里。实际上，圣甲虫并不具备合作的精神和敏锐的洞察力。

制作粪球的高手

为了研究圣甲虫和它的食粪虫远亲们，我特意搬到了粪料资源充足的乡下，并尽我所能，为它们准备了一个与自然环境类似的大笼子。在里面，我为它们准备了充足的泥土，这些泥土的湿度、温度和松软度都被调节得适合食粪虫生存。在此之前，我一直很想知道，圣甲虫是如何把粪料加工成粪球的。现在，借助人工饲养，我终于观察到了它们加工食物的全过程。

食物的原料来自各种牲畜的粪便，骡马的粪便更容易取得，而羊的粪便则更适合圣甲虫的口味。一闻到粪便的气息，圣甲虫们就急切地抖动着触角向食物靠近，迅速加入进餐的行列。它们偶尔会为争抢一块更好的食物而拼尽全力，甚至栽倒在地。但很快，它们就重新安静下来，找好位置开始加工自己的粪球。

适合形状的粪块是加工粪球的基础。圣甲虫偏爱接近球形的粪块，因为这样的粪块更容易包裹，最适合作为粪球的核心。它们找到合适的粪块后，会先品尝一下。如果觉得口味不错，就把它放在原地，正式开始加工工作了。

只见圣甲虫用后面四条腿紧紧地箍住选好的核心，同时用两个像耙子一样的前足为自己清扫出一片空地。接着，它用带角形锯齿的额头挑选着自己喜欢的食物，将它们一点一点搬到准备好的空地上。之后，圣甲虫开始展示真正的技艺了！它将食物一点一点地裹在核心的粪块上，用后面的四条腿不停地捏塑、夯实，再用两只前足帮着不断地按压。就这样，它将粪料一点一点地加上去，最终竟然将粪和土加工成了一个标准的球。这样的工艺，恐怕就连我们人类也难以企及。

我们要完成一个标准的圆，大多需要圆规的辅助；小孩子们要完成一个

像样的雪球，也需要在雪地上不停地奔跑滚动，同时不断地进行修整。而圣甲虫却不需要旋转，也不需要滚动，仅仅靠着自己灵活的足，就捏塑出了一个完美的球体。或许，这就是本能的力量吧。

梨形粪球

在我研究食粪虫的时候，有一个牧羊的小伙子对我助益良多。他有空余的时间、敏锐的观察力，而且好奇心旺盛。六月下半月的一个星期天，他兴高采烈地来找我，展现他的新发现。那是他在圣甲虫爬出来的地底下翻出的一个奇怪的东西。

这个奇怪的东西像一个迷你的小梨，颜色偏褐色，有点像熟过头的果实。“小梨”很精致，曲线优美，像刚从车床上下来的工艺品。这真的是圣甲虫的杰作吗？它的里面会不会有圣甲虫的虫卵或是幼虫呢？

牧羊的小伙子肯定地告诉我有。因为他曾经不小心压碎了一个一模一样的“小梨”，在里面发现了白色的虫卵。我半信半疑，因为我一直以为圣甲虫的虫卵应该住在球形的粪球里，而这个小球的形状跟我想象的差距太大了。

想要知道里面有什么，最简单的方法就是把这个“小梨”直接剖开。但是这样做太粗暴了，如果里面真的住着圣甲虫的虫卵，我的行动肯定会威胁到它们的安全。再说，如果“小梨”只是某一只圣甲虫的灵光一闪，那我之后可能就很难再得到这样的梨形粪球了。

我将这个“小梨”原封不动地保存起来，准备跟着牧羊小伙子去实地考察一番。

第二天一大早，我们就开始在山坡上一阵搜寻。很快，我们就有所发现。那是一个刚刚建好不久的圣甲虫洞穴，在里面，我们成功地发现了又

一个梨形的粪球。难道说，梨形的粪球并不是一个例外？我们又成功找到了第二个圣甲虫洞穴，里面也有一只一模一样的“小梨”。不同的是，第二个洞穴里，还有一只圣甲虫母亲，它似乎在对这只“小梨”作最后的修饰。之后，我们又找到了第三个、第四个……每一个巢穴里都有至少一个梨形粪球，而不少的粪球旁边都伴着辛勤工作的圣甲虫母亲。

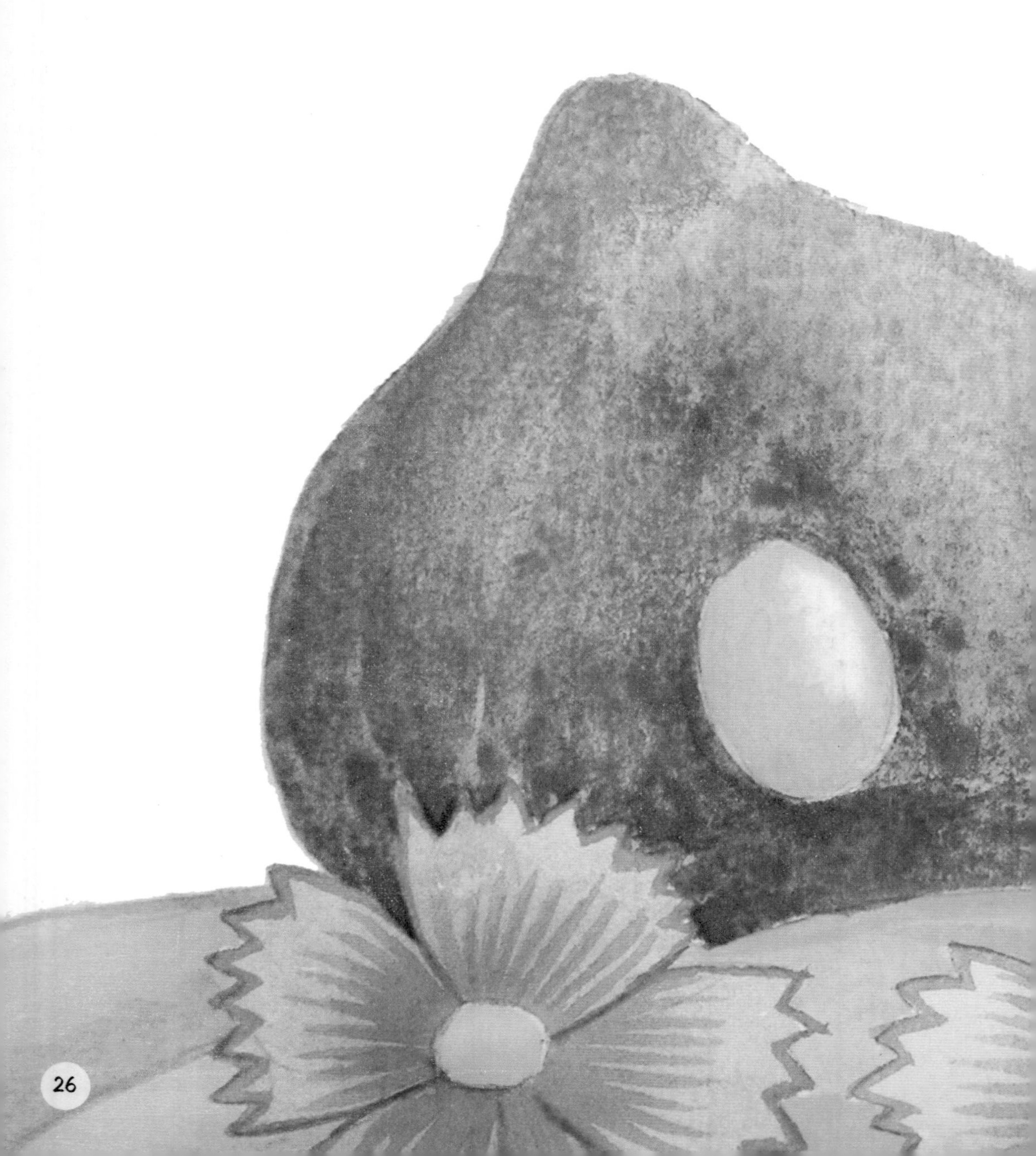

事实已经很清楚了。偶然是不会一直重复的。梨形粪球的出现并不是某一只圣甲虫母亲的突发奇想，而是所有圣甲虫的本能。

现在我们必须承认，我们之前对于圣甲虫做窝的看法都是错误的。很多昆虫学家都认为圣甲虫虫卵的“摇篮”应当是球形的，而我自己，则想当然地类比其他食粪虫的“摇篮”外形来勾勒圣甲虫“摇篮”的形象。如果不是这次发现，我很有可能还在继续传播错误的观念。类比是一种不错的推理方法，但直接观察到的事实才更为可信。我为我之前错误的结论向各位读者道歉。

梨形粪球的制作和保存

小圣接下去说道：“在制作梨形粪球的时候，首先要考虑到选材问题。那些粗心的圣甲虫妈妈要注意了，梨形粪球的材料，必须是健康绵羊的粪便，而且最好是吃了嫩草之后留下的粪便。”

“这是因为，与牛、马相比，绵羊的肠子要细得多，因此食物被它们消化得也比较细，比较油腻，有黏性。而牛和马，它们进食的时候总是囫囵吞枣地咽下去，消化得非常马虎，结果粪便中都是粗纤维，没有一点脂肪。我们的小宝宝胃太脆弱了，可不敢轻易吃这种食物，否则会生病的哦！我相信天下的妈妈都是充满爱心的，尤其是我们圣甲虫妈妈，哪怕再辛苦，也要为宝宝们寻找那些有营养的羊粪便。”

小甲真庆幸自己当妈妈之前先学到了这一堂课。

小圣接着说：

“大家一定很关心宝宝，我这里顺便交代一下，在造梨形粪球的时候，一定要将粪球很细的地方，即梨颈，打磨成一个长约10毫米、宽5毫米的洞，而且这个洞要很结实，很光滑，因为这里将是我们的育婴室，宝宝就睡在这里。里面温暖而舒适，入口小巧而隐秘，可以防止别人骚扰我们的宝宝。这也是为什么我们要造一个梨子形状粪球的根本原因。”

小甲看到这里，不禁问道：“这个‘梨子’是怎么捏成的？宝宝又是怎样放进去的呢？”

小圣回答说：“你是问‘梨子’的造型术啊，这个问题太复杂了，稍后会讲到，先看看‘梨子’怎么保存吧！”

果然，电视中的小圣下一步就讲到梨形粪球的保存：

“我们的宝宝出生在夏季，它待在梨形粪球的三四个月里，热倒是小事，关键是粪球会被烤得很干，我们的宝宝几乎咽不下去。如果我们事先没考虑到这一点的话，宝宝肯定会因为咬不动食物而饿死。即使它勉强活了下来，长大之后，育婴室又干又硬，它又走不出来，最后可能会困死在里面。

“所以呢，我们这些当妈妈的，第一个避免干燥的方法，就是用我们的铠甲将梨子的外层压结实，不让空气跑进去，这样食物就不容易干燥了。

“第二个方法，就是将梨形粪球的一部分做成圆圆的球形。这样可减少水分蒸发的面积，也就成了梨子后面圆圆的形状。当然喽，梨形粪球在保持湿润的同时，如果我们能把它做得更漂亮一些，那就更好了，相信妈妈们会为自己的宝宝造一栋漂亮的房子。

“最后呢，就是把我们的宝宝放到梨颈里，这里通风良好，温度适中，宝宝们就能安心快乐的生长了。”

小甲看到这里，不禁长吁一口气：“天下做父母的还真不容易呢！我真担心将来做不好妈妈呢！”

小圣安慰它说：“你不用担心，到时候你摸索摸索，自然就会了。因为这是上天赋予我们的能力呀，所有的圣甲虫都是有这种本能的。”

“梨形”是怎样做成的

圣甲虫是怎样做出一个优美的“小梨”的呢？我迫切地想了解完整的制作过程。现在唯一可以确定的是“小梨”绝不是滚动而成的。“小梨”的下缘倒是勉强可以滚动一下，可它那住着虫卵的颈部却根本不可能承受滚动的冲击。细节也可以佐证我的结论：我发现的所有“小梨”外表都是干干净净，只有作为支撑的底部沾着少量的沙土。如果是滚动而成的话，“小梨”的外表就会粗糙得多。

观察圣甲虫制作梨形粪球极其不易。这位负责的母亲只要听到一丝风吹草动，就会固执地拒绝继续工作。但即便如此，我还是决定试一试。

我在一个广口瓶中铺上厚厚的土层，作为圣甲虫工作的玻璃作坊。之后，我将一块软木片放在瓶口上方，并切下一个缺口方便圣甲虫通过。最后，为了满足这位母亲在黑暗中工作的需求，我在瓶外罩了一个不透光的纸罩。

准备工作已经完成，我将一位刚刚带着粪球回到自己洞穴的圣甲虫母亲请到了我做好的玻璃作坊。我推测，它会很快地适应它的新洞穴，开始制作梨形粪球的工作。

我耐心地等待了一天，希望圣甲虫母亲可以放下戒心，完成所有的准备工作。第二天，我短暂探访了这位母亲的房间，记下了“半成品”的尺寸、形状和位置。它已经不同于原来的球状，而是像一个罐子，有一侧被挖出了不规则的沟槽。傍晚的时候，我又突然造访，工程又有了新的进展。“罐子”的边缘已经变薄，被拉长成梨颈，而这个“半成品”的位置没有任何变动。第三天，我最后一次观察的时候，梨形粪球已经成形，梨颈已经封闭，

圣甲虫的卵也应该已经入住。“小梨”完工了！

此外，还有一个细节引起了我的注意。在梨颈的顶端总是有几根相对较粗的纤维，这是“孵化室”的小塞子。圣甲虫母亲用它来完成最后的封口工作。之所以粗糙，是因为这些纤维没有经过有力的拍压。拍压的震动可能会给虫卵带来致命的风险，而拍压后过于细密的纤维则会使孵化室的空气过于稀薄。圣甲虫母亲有意地保留了这一点粗糙，而这一点粗糙则恰恰反映了这位母亲无微不至的爱。

天生就会补洞

六月和七月是圣甲虫孵化的季节。而太阳则是圣甲虫最主要的孵化器，温暖的阳光透过薄薄的天花板照在虫卵上，为它们的孵化提供能量。由于每天光照的情况都在变化，所以胚胎孵化所需的时间也不尽相同。日照强烈的时候，小虫在产卵后四五天就出生了；天气阴凉的日子，这一过程有时会花费十天以上的时间。

一出生，新生儿们便去吃梨形粪球的内壁。虽然它住在梨颈中，但它却不会乱咬，不会咬颈口或者其他地方的食物，而是专门咬梨子下面庞大的球体，这个庞大的球体装满了它喜爱的食物。它似乎知道，自己的身体还很脆弱，不能承受大自然的风吹日晒，所以不主动咬薄薄的梨颈和木塞，也不急着从梨形粪球中走出来。

为了观察梨形粪球中的幼虫，我在“小梨”的肚子上开了一个大约0.5平方厘米的小窗。里面的幼虫马上发现了环境的变化。它小心翼翼地探出头来观察，然后背转过来。很快，我新开的小窗就被一层褐色的东西封住了。

这些褐色的东西是什么呢？我掀开封口的塞子，企图再看一遍刚刚发生的情况。这次，由于早有准备，我看得清清楚楚。那褐色的一团，并不是我以为的梨形粪球内壁，而是小虫刚刚制造出来的排泄物！我必须承认，后一种材料确实更加经济。

后来好几次，只要一发现粪球有裂缝或者洞洞，圣甲虫幼虫都会马上对着裂缝或者洞洞排泄，很快将它们堵上。

圣甲虫幼虫排泄物的储量之大让人惊讶。但圣甲虫幼虫拥有的并不仅仅是丰富的“库存”。像所有优秀的泥水匠一样，幼虫也有自己的“抹刀”。它身体的最后一节并不圆润，而是形成一个倾斜的大圆盘，这就是它的“抹刀”了。一旦挤出黏胶，这个“抹刀”就开始发挥作用，把黏胶压到需要修补的缺口，将它修补得坚固平坦。“抹刀”的周围还有一圈凸起，可以防止黏胶白白流走。

破“壳”而出

这样一边吃，一边拉，四五个星期之后，圣甲虫幼虫就把食物吃完了，身后留下很多自己的粪便，房间里几乎没地方可居住了。于是，它就将那些粪便当做石灰，用自己的“手”当做抹刀，重新对房间进行了粉刷。

在粉刷一新的房子里，幼虫开始蜕皮，成了一只蛹。现在，它已经出落成为一个漂亮的小生命了：身体半透明，带有一点点乳黄色，好像琥珀的样子。前面长着一条像长围巾一样的小翅膀。它含羞地将前腿缩在头下，像一个待嫁的姑娘一样，安静，文雅。

如此又过去了四个星期，幼虫现在要脱掉蛹的外衣，为最后的变化做准备。它缓缓脱去旧衣服，换上新的装扮，为自己的头、足、胸搭配上暗红色的衣服，给锯齿装扮上黑褐色的首饰，小翅膀变成了白中带黄的素雅颜色，腹部则穿上不透明的白色衣服。整体看来，现在的圣甲虫已经非常英俊神武了。

又过了一个月时间，它全身衣服慢慢都换成了黑色。

已经打扮好的圣甲虫现在就打算冲出这狭小的梨形粪球，奔向外面更广阔的世界。但是，八月的骄阳将梨形粪球烤得又干又硬，不想办法，是很难走出这囚笼的。它现在已经发现自己身上的天然工具了：它用带锯齿的前足刮那墙壁，用额头的锯齿

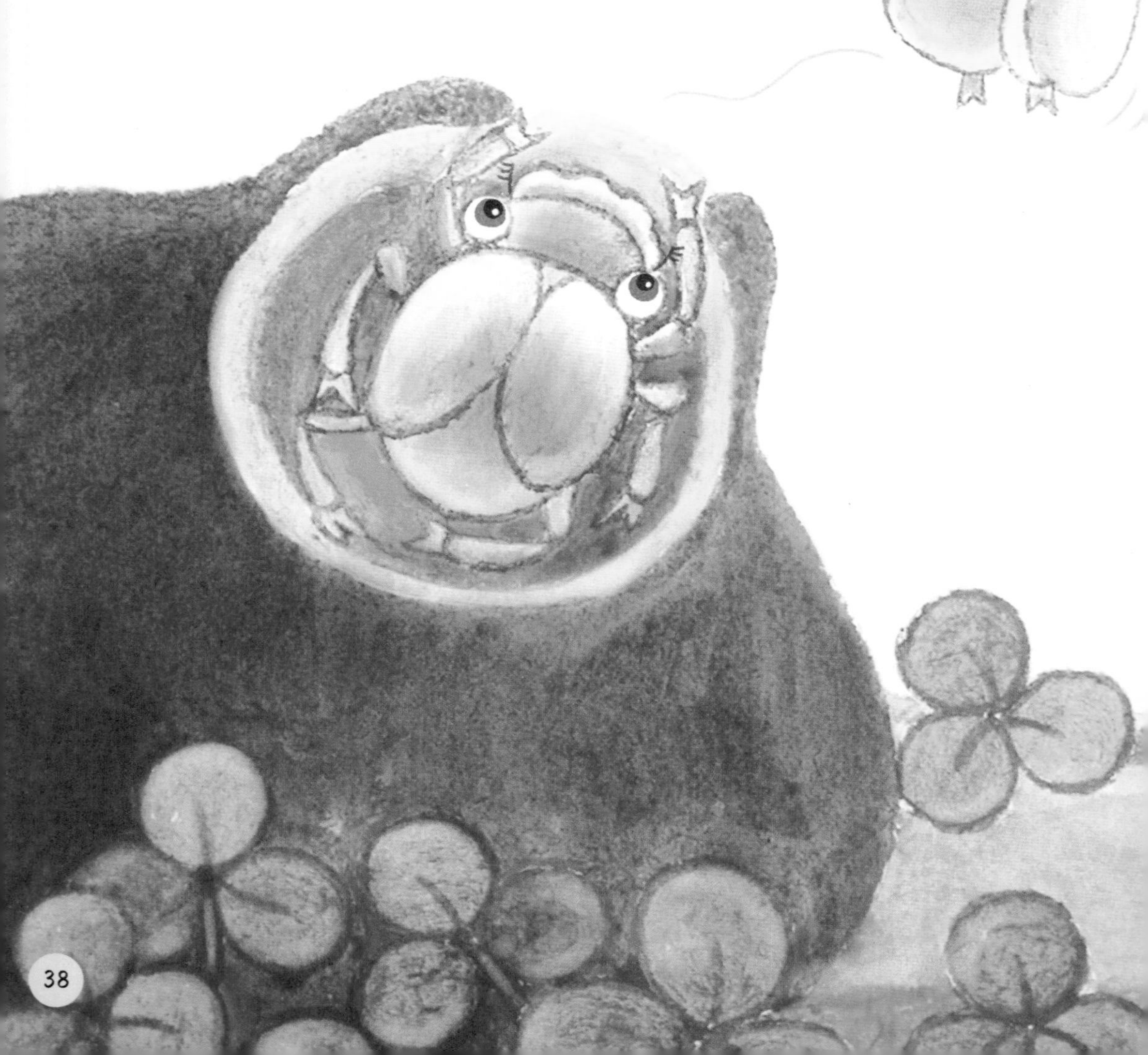

耙那墙壁，用有力的后腿踢那墙壁，一次又一次，直到将那厚厚的墙壁攻破为止。可是，墙壁实在太硬了，它的武器虽然越来越锋利，但仍然无法在墙壁上凿一个洞，好让它将那憋屈已久的头颅给伸出来。

我也有些为它们着急了。于是，我用刀尖在其中两只圣甲虫的梨形粪球上开了天窗，以为这会让它们的解脱容易一点，但是，它们并没有如我的预料，通过天窗获得解放。两周后，它们和其他的“囚徒”们一样，精疲力尽地死去了。

于是，我决定转换方式，我将另外一些干燥坚硬的梨形粪球用湿毛巾包裹起来。事情发生了变化，粪梨的外壳软化了，“囚徒”们都毫无困难地获得了解放。它们和前辈们一样，沐浴着阳光，开始了制作和滚动粪球的生活。

小贴士：圣甲虫的休闲生活

正如之前提到过的，圣甲虫是非常贪吃的，它能连续12个钟头不停地进食。难道它不怕撑着吗？不用担心，它的消化系统非常好。几乎每隔一分钟，准确一些说，每隔54秒，它就要排泄一次。而且排泄不耽误进食。在排泄口能看到细细的像绳子一样的粪便。这样一边吃，一边排泄，那条细“绳子”就随着粪便的增多而不断拉长。结果，12个小时进食完毕，它身后那条“绳子”几乎就有3米长！

既然它这么贪吃，当它的食物不够吃了该怎么办？去抢！

弱肉强食就是圣甲虫的生存法则，抢同伴的食物对圣甲虫来说是常有的事。通常有这样的情形，一只圣甲虫正搬运自己的粪球，另一只圣甲虫突然就从什么地方钻了出来。态度好一点的，只是不动声色将粪球搬回自己家。态度不好的，直接就伸出自己带锯齿的前足，狠狠地将粪球的主人推翻在地，趁主人四脚朝天倒在地上的工夫，自己抢占这个粪球。然后这两只圣甲虫就会打起架来，最后谁打赢了，粪球就归谁。当然它们也有和解的时候，最后两只圣甲虫一起将这个粪球瓜分。

更好笑的是，有时候这两只圣甲虫正打得热火朝天，又有第三只跑过来。它可不是来劝架或者主持正义的，它只是也想瓜分这个粪球。但是，也不要将圣甲虫们想得这么坏，有时候大家并不缺少食物，有的圣甲虫甚至抢到食物不久，便又把它给扔了。它们抢劫，一方面是为了食物，但更多的，是为了享受抢劫的乐趣。这似乎就是它们享受生活的方式。所以，那些真正需要食物的圣甲虫，为了不被同伴打扰，总是将粪球拖到自己藏身的洞里去享受，而不是在马路边就急不可耐地吃掉。

除了打闹，圣甲虫还有别的娱乐方式，如享受日光浴。其他食粪虫，比如说嗡蜣螂、粪蜣螂，总是躲在阴暗的角落，只在黄昏的时候才出来觅食。但圣甲虫却总是在阳光灿烂的时候出来，在阳光的照耀下工作。偶尔，圣甲虫还会时不时地跺跺脚、跳跳舞，也许它还会哼个小曲什么的——虽然这些我们无法得知，但我们从圣甲虫享受生活的一贯作风来看，它肯定会这么做的。

食粪虫家族的其他成员

宽背金龟有两个粪球

宽背金龟不像圣甲虫那样活泼，它不会兴奋地跳舞，也不会与打劫者争斗，更不会花时间加工出一个本不需要的粪球。总之，这是一种气质沉静的虫子，即使遇到美食，也不会得意忘形，而只是小心翼翼地加工佳肴，专心忙自己的活儿，不去打扰别人，别人也不会来打扰它。

与圣甲虫一样，它也喜欢绵羊的粪便，它也会从中选出最好的，然后将它裹到粪球里。它也是在原地加工粪球，将粪料一点一点加到粪球里，用前足不停地轻拍、揉捏、打磨，直到粪球成为一个规则的圆球。然后，它也像圣甲虫那样，将这个大粪球推着滚回家。它也会头在下，后足立起来，然后倒退着推着粪球，只是它的动作慢多了。

如果宽背金龟一切行为都与圣甲虫相同，那它也太没有自己的个性了，还不如叫"圣甲虫"算了，干吗还另外取一个"宽背金龟"的名字？其实，宽背金龟有自己独特的生活习性。

我小心翼翼地将宽背金龟的洞扒开，结果发现，三四周之前它带回来的那个又大又圆的粪球没有了，取而代之的是两个小而优雅的梨形粪球。一个大的变成了两个小的，这是圣甲虫怎么也想不到的储粮方式！

这里的梨形粪球比圣甲虫的要优美、

纤细、小巧。如果不是亲眼见到，我绝不会相信这个矮胖、愚笨、动作迟缓的宽背金龟能造出这么漂亮的小梨，真是“人不可貌相”啊！

我挖了很多宽背金龟的洞，有时候看到圆圆的粪球和一个“小梨”，有时候看到一个“小梨”和一个半球状粪球。我便自然而然地想到，宽背金龟先从又大又圆的粪球上切下来一块粪料，加工成“小梨”，然后再将剩下的

一半粪料加工成另一个“小梨”。

宽背金龟的生活应该是这样的：发现粪便→原地加工成一个又大又圆的粪球→将粪球推回家→从粪球上切下一半加工成一个“小梨”→将剩下一半粪料加工成另外一个“小梨”→产卵→封洞离开。

令我惊奇的不仅仅是它们生活方式的奇特，还在于“小梨”的制作。由于“小梨”是在洞中完成的，所以圆圆的梨肚子应该是手工加工的结果，而不是靠滚动完成。为了保证食物不过早地干燥，梨肚子非常光滑，我能想象出宽背金龟一点一点将粪料拍打成圆球的样子。然后，它采用圣甲虫那样的方法，在一侧开一个小口，做成梨颈，卵就产在这里。

还有一次，我看到一幕奇特的画面：两只“小梨”方向相反地摆放着，两个梨肚紧紧地连在一起。我不知道什么原因促使那位母亲将两只“小梨”这样摆放，也许是因为地洞不够宽敞吧。显然，两只梨这样相互附着，根本

没法滚动或移动。这证明了梨形粪球完全是手工拍打的结果。那么标准的梨形，那么优雅的“小梨”，是圣甲虫比不上的，我完全被宽背金龟巧夺天工的手艺给震撼了。

因此，尽管宽背金龟与圣甲虫在很多方面都很相似，但我却不会将它们弄混，只要挖开它们的洞数一数粪球就能区别了。拥有一个粪球的是圣甲虫，拥有两个粪球的则是宽背金龟。这种区分方法一目了然，比其他昆虫学家靠什么前胸、鞘翅等这些外貌特征的不同来鉴别容易多了。

看似相同的两种昆虫，却有全然不同的“理财”观念。与圣甲虫相比，宽背金龟将一个粪球分割加工成两个的做法显然更加经济和节约。有人说这两种食粪虫有着共同的祖先，那它们完全不同的“理财”观又从何而来呢？

制作"粪蛋"的侧裸蜣螂

侧裸蜣螂与圣甲虫、宽背金龟所从事的职业相同，同样是大自然的清洁工。共同的职业爱好决定了它们有成为好邻居、好朋友的可能。所以我经常看到侧裸蜣螂与圣甲虫、宽背金龟等食粪虫围着同一堆食物就餐。

与别的食粪虫相比，侧裸蜣螂更贪吃。马、羊拉下一堆粪便之后，嗅觉灵敏的它们总是会以迅雷不及掩耳之势统统向食物扑去。我就见过一只绵羊刚刚"出恭"完毕，侧裸蜣螂就从四面八方涌来享受这顿盛宴的情景。

这些贪吃的家伙应该都是研究的最佳对象，我本来认为自己顺手一抓就会抓起一大把，可没想到我的想法落空了。因为这种昆虫非常胆小，它们一旦发现危险就会飞快地逃走，来不及逃走的就躲在粪堆下面装死。这里刚刚还在召开热闹的盛宴，一听到警报来袭，很快就"人去楼空"了，只剩下羊的粪便还在兀自地散发着热气。

侧裸蜣螂这点可与圣甲虫完全不同。圣甲虫在劳动的时候即使被人撞见也不害怕，依旧平心静气地工作。即使我肆无忌惮地观察它，它也照样镇定自若，脸不红心不跳，一点都不紧张害怕。也许这就是两者心理素质不一样的最明显证明吧。

现在想想，还是圣甲虫可爱，因为它不但不胆小，还会自得其乐。圣甲虫非常喜欢滚粪球，它最大的乐趣，就是将做好的粪球倒退着滚来滚去。这个游戏它可以一连玩几个小时也不厌倦。也许这就是它看到粪球之后无比开

心的表现吧！

侧裸蜣螂也会滚粪球，但仅限于将粪球滚回家。滚粪球对它来说只是生活的必需，而不是娱乐。它看到圣甲虫优哉游哉地推着粪球玩，也许会这样说：“做好粪球还不快些回家！有什么好玩的！真是玩物丧志、浪费生命！”

总之，这两种昆虫虽然是亲戚，有相似的生活习性，但心理特征却完全不同。

将粪球滚回家之后，侧裸蜣螂就开始忙活后代的事情了。它会与其他食粪虫一样，将又大又圆的粪球重新揉捏、打磨，然后将卵产在上面。稍微有一点不同的是，它制造的粪球不仅仅有梨形的，还有像鸟蛋一样的“粪蛋”。这比只会做梨形粪球的圣甲虫又技高一筹。

既然已经将侧裸蜣螂捉回家观察，我索性就多看看它的生活习性，看还能否有什么新的发现。于是我又等了两周，等它的卵孵化之后，观察幼虫的生活情况。侧裸蜣螂幼虫也很聪明，当我在它的粪蛋上挖了一个小洞之后，它在里面立刻就把洞给堵上了。但这些特征与圣甲虫没什么区别，我就不再浪费笔墨了。

嗡蜣螂

所有食粪虫的共同特征，就是以粪便为食物。

众多的食粪虫中，嗡蜣螂是最普通最平凡的一种，却也是收集食物最热切的一种。只要它得知哪种动物从附近经过，就第一个跑到那个地方，力图抢先占有粪堆。由于它们的个子有些小，所以总是成群结队地出现，似乎是为了壮声势。并且，它们还会长时间地停留在粪堆边，将那里变成一个加工粪球的食品加工厂。

它们通常会躲在粪堆下面。所以当你看到一大堆看似平静的粪堆时，千万不要因为厌恶而快速离开，因为下面没准就藏着一群热情的小生命呢！你可别看不起这群忙碌的小生命，它们对大自然的贡献，一点也不比别人差。

这么渺小的生命，为了美化大自然，已经尽了自己的努力。人们看到路

面上出现了粪堆，只会厌恶地离开。而这些小虫子却像消防员一样，一听说有“灾情”，就马上赶来，以最快的速度将这些在我们看来污浊的东西清理干净。事实上它们的胃口并不是很大，这点你可以从它们矮小的体形上推测出来。它们消耗的粮食只有一些微粒而已。这些微粒是从人和牲畜排泄出的纤维中挑选出来的。那么一大堆垃圾之所以消失不见，是因为它们将整堆粪便不停地分解，到最后，它们吸收了对它们有营养的物质，也将令人恶心的

粪便变成了一堆碎屑。粪便里裸露出来的病菌只要被太阳一晒，就彻底死掉了，再也不可能为人类带来瘟疫。而那些碎屑，只要一阵风吹过，也变得无影无踪。更可贵的是，这些小东西根本用不着你赞美，它们是不会站在证据上向你邀功的，因为这群繁忙的工人，马上又会奔赴另一个食品加工厂。除了寒冷让它们无法动工，它们从来都是这样忙碌的。

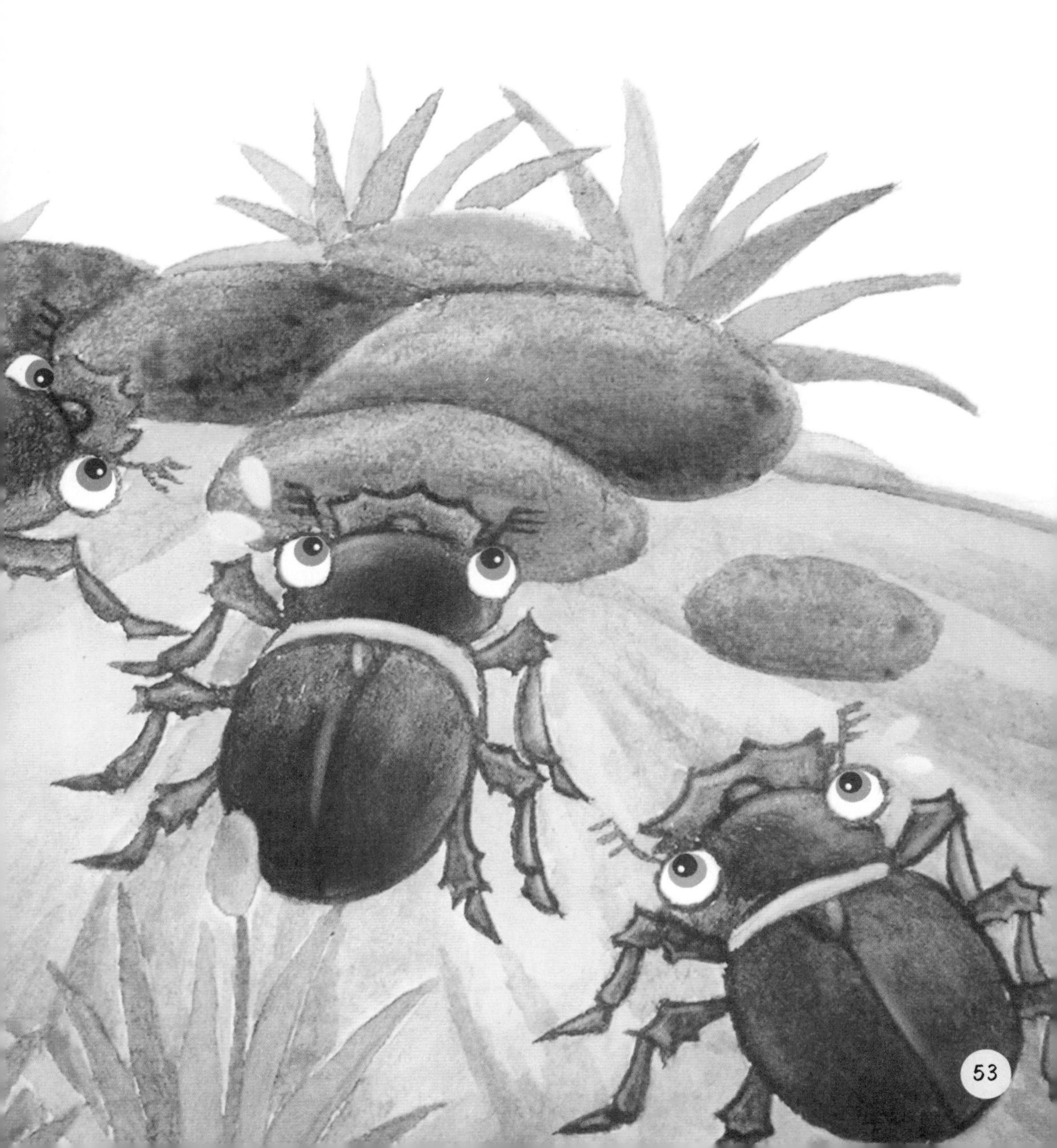

“大胃虫”粪金龟

我们地区最出名的清洁工是粪金龟，因为它力大无穷，能干最重的活儿。

我的笼子里养了12只粪金龟。黄昏的时候，一头骡子从我家门口走过，排泄出差不多有一筐的粪便，我慷慨地将这一堆粪便全部送给了12只粪金龟。第二天一早我去检查，发现粪便已经全没了，只剩下一些屑末，地面上再没有别的东西。我大致计算了一下，平均一只粪金龟在一夜之间差不多清

除掉1立方分米的垃圾，也许还会更多。它们那么小的身板，除了挖洞，还要消耗掉这么多粪便，还要将这些粪便揉搓成粪球，这是多大的工作量啊！而这一切仅仅花费了一夜的时间，恐怕大力神也没有它们这么能干。

我原本以为，它们已经储藏了一筐粪料，应该会放松、休息，可它们却没有这么做。宁静而温馨的傍晚到了，这正是勤劳的粪金龟采集粪料的大好时光。牧群刚刚从我家门前走过，留下一堆堆充满诱惑的食物。被我养在笼

中的食客，好像听到召唤一样，都从自己的地窖中爬出来，想要奔向那些美食。幸好我早已有准备，亲自将可口的粪料送到它们面前，这次又是一筐。第二天，笼子里又是只剩下屑末。唉！你们这些大胃虫，到底要吃多少才满足呀？

总之，不管我为它们准备了多少食物，每当日落该觅食的时候，我的“囚徒”们都会爬出地窖，重新寻觅新的食物。也许，它们并不在意已经得到多少，而是在意还有多少没有得到，没得到的东西在它们眼里才是最重要的。

它们到底需要多少粪料？它们真的能消耗掉这么多食物吗？

事实是这样的：它们只能吃掉一小部分，绝大部分粪料都囤积在地底下的洞中。由此可见，它们并不是吃很多食物的“大胃王”，而是掩埋粪料的“掩埋工”。掩埋粪便就是它们的工作、它们的爱好。由于它们不断地将粪料掩埋在沙子底下，笼子内的土层也在不断地升高。当我挖开土层，往往能看到沙土下面堆了一层厚厚的粪料，是一点都没吃的。笼子里本来只有土，现在已经粪、土难分，变成了肥沃的土壤。我根本没办法将粪从土中清理出来。

其他食粪虫，如粪蜣螂、赛西蜣螂等，虽然我现在没有对它们进行深入研究，但我绝对有理由相信，它们也都是勤劳能干的清洁工，值得我们所有人尊敬。

给你一个干净的世界

不了解食粪虫的人，看到它们所从事的工作，肯定会以为这种虫子非常丑陋，非常肮脏。因为在我们人类的思维中，做最卑贱工作的人，外貌看起来也会很粗陋。人们往往喜欢以貌取人，可事实证明这样往往是错误的。

城市里的公共卫生工作，往往需要在很短的时间内完成，否则腐烂的物质不但看起来令人作呕，而且还会使整个城市都陷入恶臭。可惜的是，巴黎直到今天也没解决城市垃圾的问题，我真为这座美丽的城市担忧。每年，市政府不得不出动几百万的人力、物力，试图将这些垃圾搬走，可却不见得有效。如果人们了解食粪虫并请它们帮忙，那么这些能干的小生命几个小时之内就能还我们一个干净美丽的城市，而且它们一分钱也不要！

从某种程度上说，“城市垃圾”是一个专有名词，那些腐烂的物质只有城市里才会有，乡下却不会有。因为大自然为乡下准备了大量这样能干的清洁工。根据工作性质的不同，这些清洁工可以分为两种：第一种是“收尸工”，如苍蝇、葬尸甲、负葬甲，它们的任务是将动物的尸体解剖、切碎；

第二种是“分解工”，如圣甲虫、粪金龟、粪蜣螂等，它们会将地面上所有的垃圾都清理干净，还大地一片美丽。

例如，一只鼹鼠被捕杀死了，或者一条蛇被人踩死了，人们可能会以为自己做了好事，却没想到鼹鼠和蛇的内脏污染了田间的小道。如果这些垃圾没人去清理，就会污染环境。可“收尸工”是不允许这种事情发生的。它们会第一时间赶到，将尸体上的肉吃掉，有的干脆吃得只剩下骨头。于是不到一天的时间，鼹鼠和蛇都不见了，只剩下风干的骨架。然后“分解工”就开始工作了，它们就像处理粪便一样，将所有的垃圾残骸都拖到地窖里，吃掉或掩埋掉，总之地面上再也看不到垃圾了。

可惜的是，“分解工”对城市的舒适生活并不感冒，它们只愿意生活在乡下，因此乡下并没有城市里特有的刺鼻的垃圾气味。一个乡下人，

想如厕的时候，不一定要找到厕所，只要躲在在一块篱笆或者一堵矮墙后面，使别人看不到自己，就可以安心排泄了，而且不用担心会污染环境。因为只要一过傍晚，那些热情的食粪虫就会纷纷出动，将白天的垃圾全部掩埋在自己的地窖里。可能昨天你还看到某处有堆粪便，第二天一早再去看就没有了，这就是食粪虫的贡献。而城市却因为没有食粪虫，只能对垃圾的腐臭无能为力。

如果没有食粪虫，这个世界将充满垃圾。你知道食粪虫的第一大贡献是什么了吧？

给你一个卫生的世界

将地面上那些不雅的垃圾清理掉，还只是食粪虫最表层的工作，也只是人们看到的表面现象。其实食粪虫对于我们人类的意义，远非“扫垃圾”那么简单，它们还做了更崇高的工作。

科学证明，带给人类最大灾难的，往往是微生物。这些微生物跟真菌是近亲，它们往往与流行病同时出现，能够在动物的粪便中成千上万地繁殖。如果

没有食粪虫的分解作用，这些微生物就会一直存活，污染我们的水源和空气，或者干脆跑到人的身上、被褥上、食物上，把传染病广泛地传播开来。

要想避免微生物的危害，就要从源头上扼制，确保动物粪便中的病菌不能存活，确保动物垃圾不存在。但垃圾不存在不等于直接将垃圾掩埋，因为掩埋后微生物仍然能污染土壤和水源。最好的做法就是请食粪虫将垃圾分解掉，使地面上只剩下屑末，再经过阳光的杀菌消毒，微生物就彻底被消灭了。

可惜的是，尽管食粪虫对我们人类的生存做出了很大的贡献，让我们成为它们勤劳工作的直接受益者，但我们大多数人对于这群劳动者却持鄙视的态度，经常用最难听的语言咒骂它们，用石头砸它们，用脚踩它们。好像它们就是自然界中最卑贱的东西，只配给我们打骂。

人们只会排出垃圾，却丝毫不懂得清理。食粪虫们不怕脏不怕累，毫无怨言地将垃圾清理干净，还人类一个干净美丽的地球，人类却以“下贱”“恶心”等恶毒的语言来侮辱它们。一方面是制造垃圾却高傲的高级动物，一方面是清理垃圾却无怨无悔的掏粪工，对比之下，我们人类是多么渺小啊！

给你一片肥沃的土壤

骡马排出了大量的粪便，留在路边太污染环境了，堆在泥土表面的粪料也起不到滋养植物的作用。食粪虫可不允许浪费这么多粪料，它们会飞快地将环境清理干净，吃掉一部分粪料，再将绝大部分粪料埋在地窖里。这些地窖里的粪料因此并没有失去价值，过不了多久，你就会发现这些粪料上面长出一些植物。粪料现在成了最好的肥料，植物在它的作用下长得非常茂密。也许又过了不久，你还会发现，一只绵羊从这里经过，毫不犹豫地低下头把这簇茂密的植物吃掉了。于是，这只绵羊身上又长了一点肉，而这些肉，最终会被我们人类消耗掉。

大自然中的物质和能量是不断循环和转化的。食粪虫用它勤劳的锉刀般的足，一方面将那些看似肮脏的粪料变成子孙后代们营养可口的食物，一方面也为我们人类的生活作出了贡献。

实际上，整个自然界中的生命都从食粪虫的劳动中得到了好处。黄莺用树枝建巢，树枝是植物，它生长需要肥料，而肥料需要食粪虫的分解；鳃金龟吃禾本科植物的花药长大，花药的生长也需要食粪虫贡献的粪料；象虫将成熟的种子当做孩子们的摇篮；蚜虫将叶子当做美食；蚂蚁吸吮蚜虫的触角……每种生命，它吃的用的，最初不都起源于植物？而这些植物都是在粪料的帮助下成长的。就连动物性昆虫吃的肉，也是植物转化成的。

由此可见，食粪虫是为一切生命提供食物的最初劳动者，只有它最先将垃圾转化为粪料，植物才能生长，以植物为生的动物才能生存，像人类这种杂食性动物才能创造文明。最先受到它帮助的总是默默无闻的植物，然后才是动物。所以食粪虫表面看来似乎做了很不起眼的工作，但实际却是整个生态系统不可缺少的一环。它们的工作虽然卑微，但却对我们意义重大。

另外，食粪虫的贡献不仅仅在于帮助植物生长，而且还在于“最大限度”地帮助植物生长。

农业科学告诉我们，如果任凭肥料放在地上不管，空气的蒸发，雨水的冲刷，会使肥料的肥力降低。若想让肥料发挥最好的作用，就得将这些粪料在新鲜的时候埋在田地里。这么深奥的科学，我们人类研究了好久才发现，可是食粪虫们早就知道了这一点。于是在干活的时候，它们为了挑出最新鲜的粪料，总是跟在骡马的后面，只要骡马一排出粪便，就毫不犹豫地追上去，像淘金一样将最具有肥力的粪料拣出来，然后再将这些粪料埋在土壤中。而如果看到那些在太阳底下暴晒了很久的粪便，它们就不屑一顾地走开了。

敏锐的气象学家

你能想象吗？像粪金龟这样毫不起眼的小生命，不仅担负着淘粪、肥料收集的任务，还能为大家预报天气呢！

如果粪金龟在傍晚的时候飞出来采集粪料，那么第二天天气就会很好；如果粪金龟不出去寻找粪料，那么第二天就会下雨；如果它们连着好几天都焦躁不安，那么你就要特别注意，可能附近某个地方发生了飓风——我绝没有夸大它们的能力，也没有危言耸听，这是我长期观察的结果。

整个秋天，饲养在笼中的粪金龟都在筑巢，我会记下它们前一天的表现和第二天的天气情况。我没有使用温度计和气压表，也没有借助任何科学设备，只观察粪金龟们有什么表现。

一般情况下，粪金龟会在傍晚时分离开洞穴。如果天气比较平静，温度较高，它们就会到处乱飞，看到粪便就停下来采集。运气好的话，它们能找

到一堆新鲜的骡马粪便。这时，兴奋过度的粪金龟会一个猛子冲过去。即使因为冲击太猛来了个踉跄摔倒也没关系，只要能找到粪料，它们就开心得像过节一样。因此不管看到多少粪料，它们都要一口气掩埋掉，确保第二天地上没有垃圾。

粪金龟外出工作的一个必要条件就是：天气平静，且保证夏季应有的炎热。如果遇到下雨天气，粪金龟根本不会从地窖里跑出来，反正它们有足够的粮食，不用担心挨饿。如果天气很冷，那就更用不着出来了，饲养笼里通常都是空荡荡的，没有一只虫子出来散步。

粪金龟对天气变化的判断，比我料想的还要准确，它们对灾害天气的判断，更令我佩服！

1894年9月12～14日连续三天，粪金龟看起来非常焦虑。我从来也没见过它们这样骚动不安。它们像疯了一样爬到栅栏上，然后不停地飞跃，不停地撞到网罩上，但爬起来之后依旧重复这样疯狂的举动，这样一直折腾到深夜。笼子外面几只自由的粪金龟，也不停地跑来跑去，与笼中的粪金龟遥相呼应。

我还记得那几天非常热，中午起风了，眼看雨就要来了。14日晚上，乌云遮住了月亮，粪金龟仍然在疯狂地横冲直撞。可是到了下半夜，接近15日的时候，它们突然安静下来。没有一丝风，天空也灰蒙蒙的，雨稀稀拉拉地下起来，一直下到18日。

它们从12日就开始疯狂地奔跑、飞跃，难道就是为了预测这连绵的雨吗？看了报纸我才知道，原来12日这天，法国北部发生了强大的飓风天气，造成气压大幅度下降，我们这个地区也受到了影响。要是我早知道粪金龟如此不安是飓风的信号，那就用不着看报纸上的天气预报了。

小贴士：拾粪者

你知道吗？饲养食粪虫是很不方便的，不是因为我害怕脏，而是因为难以找到粪料。闭上眼睛想一想这个滑稽的场面：我拿着纸袋，不好意思地在城市的周围徘徊，一看到有骡马经过，就偷偷地跟在它们的后面，等到它们排泄之后，再红着脸将它们的粪便装进我的纸袋……天啊，别人肯定会在想：这个人疯了！所以我经常在夜色降临没人注意的时候才去搜集粪便。

我笼子里养的食粪虫，一个个都是大挥霍家，不管我为它们准备多少粪料，第二天一早都会被它们扫荡一空。更可恶的是，它们对我这些粪料根本就不满意，它们往往推着粪球滚几下，就放弃了，根本不会在里面产卵。我这才知道，它们根本就不喜欢骡马粪便中的粗纤维，而是喜欢绵羊粪便那种更均匀、更有弹性的粪料。

城市中没有食粪虫，我要想多了解这些虫子的生活习性，必须住到乡下牲畜成群的地方。为了研究食粪虫，我好容易才征得家人同意，住到乡下，为食粪虫的生活创造足够好的条件。

乡下的粪料可真多呀！我屋子旁边有一条大路，每天去田间干活的骡马要来来回回好几次，每天去田间吃草的绵羊也是一群一群的。还有邻居家养的一只山羊，它总是跑到我家的草坪上吃草。总之这些牲畜为我的食粪虫提供了丰富的粮食。

即使没有粪料，我也可以与小朋友们商量，告诉他们，只要给我找些新鲜的粪料，就有糖果吃。那些受到诱惑的小家伙们便拼命地为我笼中的“囚徒”寻找粮食。协议真是取得了出人意料的结果，在交易的时候，每个孩子高举着自己的战利品，眼睛闪着喜悦的光芒，好像在对我说：“瞧！我的粪便是精挑细选的，都是一流货！”他们简直是太可爱了，通常我都会赞美他们一番，然后按照事先的约定给他们糖果。有时候我也会将这群粮食供应者领到食粪虫前，向他们展示正在滚动粪球的金龟子。金龟子玩弄粪球的场面让他们觉得很有趣。笨拙的金龟子滚动粪球时不断地摔倒，气得六脚乱舞，大家却看得哈哈大笑。看到孩子们纯真的笑脸，以

及因为吃糖果而鼓起的脸颊，让我很开心。于是我与这些孩子们约定长期合作，后来我就很少为找不到粪料而担心了。

除了这些孩子，我还有另外一个合作者，一位牧羊小伙子。他对食粪虫也很感兴趣，了解的知识也不比我少。于是傍晚食粪虫开始忙碌的时候，他也帮我观察，帮我记录，偶尔也会调皮地用尖刀挖开食粪虫的地窖。而他自己完全不必担心牧羊的任务，因为他的牧羊犬法罗会帮他将离队的羔羊赶回羊群中。

每天在太阳还没升起来，天气变得非常炎热之前，我和牧羊小伙子就随心所欲地在乡间寻找和捕捉食粪虫。敬业的法罗则蹲在小山丘上看护着羊群。这种生活是多么惬意啊！

嗡蜣螂

简陋·干旱·忍耐力

食粪虫是一群真正敬业的工人。它们对工作是那么热忱，以至于忘记了对家庭的照顾。比如说筑巢这件事吧，由于工作太忙了，它们都没时间好好修建一下自己的房子，那个小窝真是太简陋了。

就以嗡蜣螂的小窝来说吧，那是一个垂直于地面的井，只有5～7厘米深，是一个圆柱形，直径大小则要根据嗡蜣螂的体形来定。食物堆放在洞底紧贴墙壁的地方，周围都堆满了东西，不再有多余的地方。这个小窝里没有通道，也没有多余的角落，我甚至不能想象嗡蜣螂是待在哪个地方制作粪球的。

如果说嗡蜣螂的窝朴素的话，那么七月份我见到的叉角嗡蜣螂的窝，只能用“粗糙”来形容了。整个圆柱形井里只有几根稻草秸混杂竖立着，它们来自骡子的粪便，比较粗糙，这就是这个家中的全部财产了。中间的地方有

点下陷，这是被雌虫推、压的结果。我小心地将这个小窝挖开，发现卵就在一层薄薄的盖子下面，再下面就是它的全部粮食了。

我想多了解一下关于食粪虫窝的情况，但嗡蜣螂也只能告诉我这么多了。一次意外让我捉到一只缨蜣螂，于是我就将它放在笼中养起来。它原本不愿意做我的“囚徒”，只是太急于产卵，就勉强顺从了我的安排。三天之内，它就在笼子里产下四只卵，刚好可供我观察。

我往笼子里放了一堆粪便，缨蜣螂在中间最软的地方切了一块粪料，然后运到洞里去。我看到它用头盔和足将粪料均匀地涂在四周墙壁上，然后再将头盔贴在地洞上挤压。只一会儿，它的工程就结束了，整个窝看起来像一个顶针，高15毫米，宽10毫米，下半部是粮食，上面有一个盖子，被细细地缝合在洞的边缘。卵就被产在这个顶针的上部。

嗡蜣螂和缨蜣螂圆柱形的窝让我陷入了深思。它们为什么要建造这种形

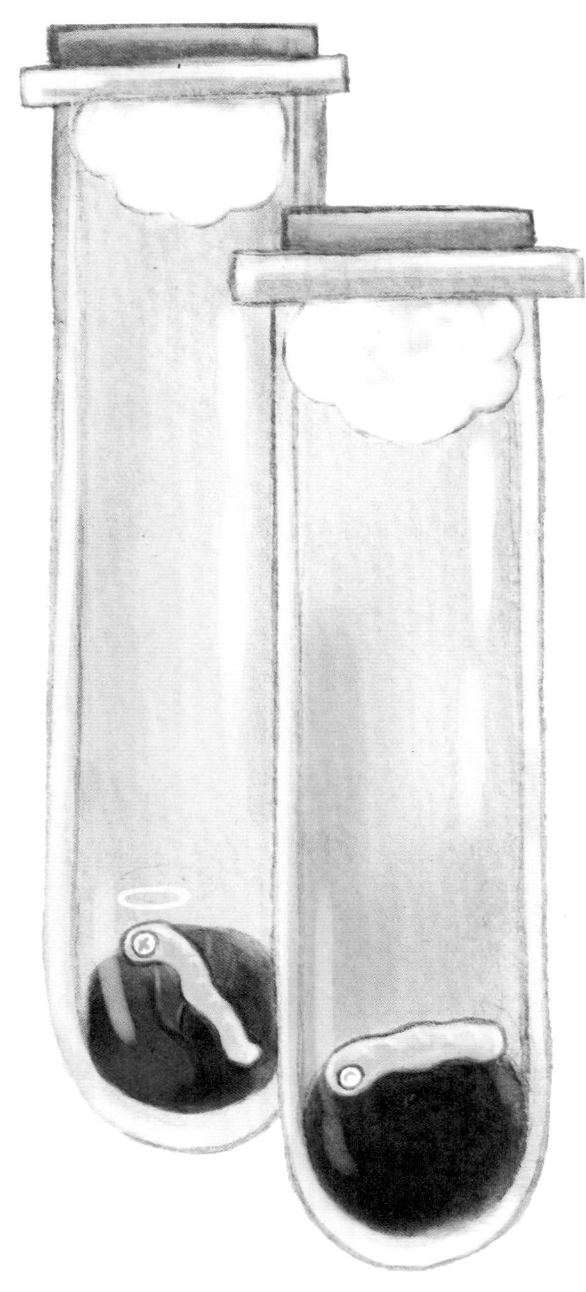

状的窝呢？盛夏的阳光暴晒几天，里面的食物应该就全部干了，幼虫很可能因为食物太过干硬而饿死。

我索性将这些粮食和居民放在与它们洞差不多的玻璃管里，然后将棉花塞进玻璃管，做成天然的窝，放在实验室里。过了几天，食物果然变得又干又硬，原本丰满的幼虫，因为咬不动食物的缘故，皮肤干燥，渐渐萎缩，两个星期之后，它们已经出现了死亡的征兆。我赶紧拿掉干棉花，换上湿棉花，玻璃管里这才算有了湿气，它的粮食也开始慢慢湿润，慢慢变软。原本快要死掉的幼虫，也慢慢活过来，不久就恢复了健康。

可见这些幼虫在生长的过程中需要潮湿的环境。可在室外，是没有人为它们提供这些的，况且八月份天热少雨，它们的母亲又是那么马虎，没有准备任何防旱的措施。这些可怜的孩子，不得不忍受三个星期的干旱和饥饿，挺过干旱的，会迎来九月份的几滴雨，挺不过去的，只有死掉了。

可一个种族的繁衍不能仅靠忍饥挨饿，我看到了使它们度过干旱的另一个方法：它们的地洞总是被挖在粪堆下面，这样地洞里的食物就避免了直接遭受日照风吹，干燥得不那么快，再加上粪便湿气的浸润，这些幼虫的生存条件就好了很多。

其实，幼虫们也不会吃苦很久，因为一般卵不到一周就孵化了，幼虫生活12天左右就发育成熟了，加起来它们的孩童期总共也就20天左右。即使食物干燥又有什么关系，反正蛹是不需要进食的，再过几天，九月份的第一场雨就来了，它们就可以抓破又干又硬的外壳，奔向自由世界了。

驼背的幼虫

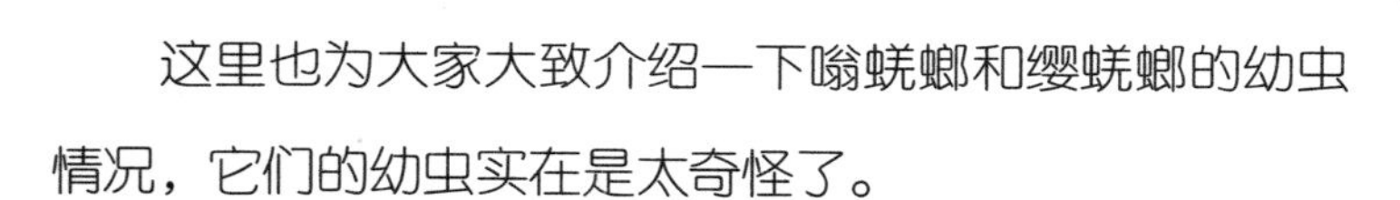

这里也为大家大致介绍一下嗡蜣螂和缨蜣螂的幼虫情况，它们的幼虫实在是太奇怪了。

先别看图片，努力想象这样一个画面：一段又皱又缩的香肠，中间插入一段东西，从侧面延伸出来，这样看来，整个身体就由三段组成，而后来延伸出来的那一段，就是幼虫的头，香肠的下部，就是幼虫的肚子。上部呢？人们一般都会想到上部是头，实际上却不是，而是一坨隆起的肉！这样看来，幼虫实际上就是一个驼背，而且驼背得非常厉害，以至于人们都难以发现它的头在哪里。

现在再来看看幼虫的图片，你有什么感想？恐怕想象力最丰富的漫画家，也不能画出长成这个样子的昆虫。这个小家伙的驼背，竟然完全占据了头的地位，直接与肚子竖直着连在一起了，可怜的头和胸，就被这个

巨大的驼背给压到下面去了。

可是这个驼背的幼虫在昆虫的眼里却是美丽的。进化论者会这样解释它的驼背：为了适应环境，幼虫需要一个装“水泥”的容器来防止空气进入，以防食物变干燥，所以它天生就长了这样一个像褡裢一样的驼背。但愿这个解释是正确的，那么这个美丽的驼背就有了存在的理由。

驼背除了储存“水泥”，还有一个用处。由于蜣螂的洞太小，粮食有限，贪吃的幼虫将整个圆柱形粮仓吃得只剩下一层薄薄的墙壁，摇篮摇摇欲

坠。为了防止小窝坍塌，幼虫必须对房子进行重新修整，在四周墙壁上再刷一层东西以确保坚固。于是幼虫就将驼背里的“水泥”全部倒出来，用这些水泥粉刷墙壁，以确保自己的安全。

当这些幼虫被水泥包围而不是被粪料包围的时候，它们就变成了蛹，看起来像一颗榛子那么大。我第一次看到这个小东西的时候，还不清楚这是什么呢！更想不到这一切都是用驼背里的材料做成的。

让我束手无策的角

当我看见一只嗡蜣螂成虫长着一只角时，我还不觉得奇怪。可是我在嗡蜣螂蛹的胸上也看到了这么一个玩意儿。蛹只需睡觉就行了，根本用不着去干活，也用不着去跟谁争斗，长这个东西有什么用呢？更奇怪的是，蛹蜕变为成虫之后，这只角就像一件衣服一样，被它一起脱掉了，成虫前胸上根本没有这样一种东西。

我在嗡蜣螂的蛹上还看到了更奇特的事情：它全身长着11根像水晶一样的尖刺，其中腹部的两侧有8个，额头上有2个，胸部有1个。额头上长角也就算了，胸部和肚子上长角有什么用？难道它们也想学古老的恐龙，让自己全身上下长满角这个武器？可它变为成虫后，这11个角同样一个也没保留，全部随着旧衣服脱掉了。

幼虫身上长角，这可以看作是嗡蜣螂家族的一个传统吧。

说到角，的确很多昆虫长着各种各样的角。那么成虫要这个角干什么？难道是为了显示雄性的威仪？看看这个雄大力士独角仙吧，它这个样子确实够威风的。其他昆虫都没有它这样危险的长矛，没有它这样神气的角。但这么笨重的武器，它携带起来该多么费力啊！因为它来自于安第斯森林，难以在本地区饲养，因此我无法进一步研究，不知道这些武器能否在它劳动时发挥作用。

不过我饲养在笼子里的嗡蜣螂告诉我，它的这些武器在劳动时是起不到作用的。

对成虫来说，长角一般是雄性的权利，雌虫大多没有角或只有很短的角。这似乎是因为雄性之间为了抢夺配偶，长了这样一个威风凛凛的角，可以让自己更有魅力。可是我发现，无论是雌性的蛹还是雄性的蛹，胸部都有角。蛹有角而成虫却没有，也似乎说明嗡蜣螂这个家族想要抛弃长角这个怪习惯，变成一种没有角的动物。

哪种解释对呢？它们到底是想要进化成有角的动物还是无角的动物，我也不清楚，也仍然不知道它们的蛹为什么长角。

奇特的武器

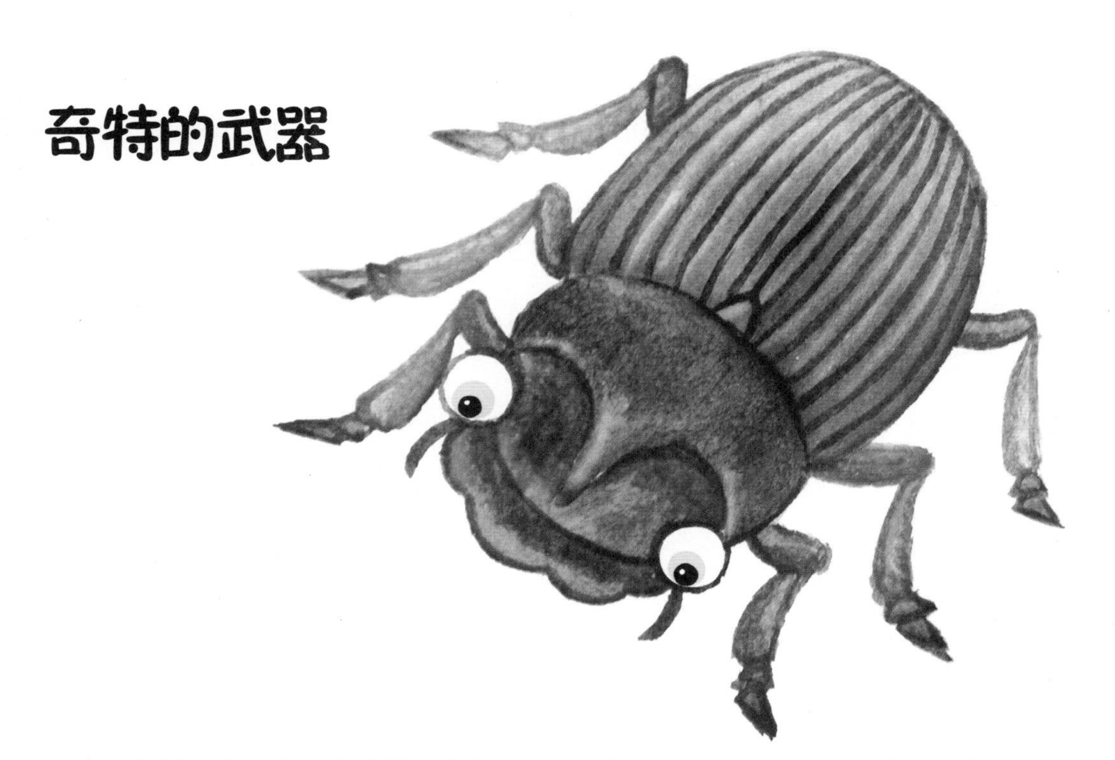

仔细观察食粪虫，我发现它们都喜欢全副武装，让自己看起来威风凛凛。

比如说西班牙粪蜣螂，它长着一个很独特的角，看起来异常尖锐，似乎比犀牛鼻子上的角还有战斗力。角的底部非常强壮，弯曲到顶端，则成了锋利的尖刀，这样它抬头的时候，角就和前胸背连成一片，看起来就像用来剖开肚子的铁钩。

再看看蒂菲粪金龟，它的额头上有三个长枪一样的东西，即使它面无表情，这三把竖起来的长枪也足以震慑旁人。

月形粪蜣螂呢？它前额上长着一个犀牛一样的角，胸的两侧各背着一支长矛，前胸上则长着一个新月形的槽口，看起来像屠夫弯弯的切肉刀，令人不寒而栗。

嗡蜣螂的武器就更多了：公嗡蜣螂长着一只像牛角一样恐怖的角；母嗡蜣螂长着像锋芒一样的角，胸甲的凹处成了角的鞘；叉角瓮蜣螂则有一个三叉戟；颈角嗡蜣螂佩戴着带着分叉小刀尖的匕首；垃圾嗡蜣螂的胸甲上则有一个像骑士直军刀一样的玩意儿；即使是武器最少的嗡蜣螂家庭成员，前额上也要立着一对触角。

带着武器上路的不仅仅是成虫，嗡蜣螂的幼虫也不甘平凡，小小年纪也有自己的武器。嗡蜣螂蛹的前胸上有一个明显的尖角。尖角往外突出两毫米左右，与足、触角、口器等器官一样，也是呈无色透明状。谁的前胸会长这么一个奇怪的玩意儿？我在成虫前胸上却从来没看到过。因为蛹在蜕皮的时候，已经将这个带有尖角的衣裳给脱掉了，而且脱得非常干净，尖角连一个小刺都没有，好像它年少的时候身上从来没有长过这个东西一样。

长大之后又脱掉，武器还有什么用？况且我也不明白为什么这些食粪虫都喜欢武器。这些武器肯定不是用来挖洞或加工粪料的，它们劳动的时候只用到额突和足，根本用不着角、长矛、匕首这样的工具。况且这些工具也不好用，因为它们向前挖洞或者揉捏粪球的时候，工具弯曲的方向往往与用力的方向相反。比如说西班牙粪蜣螂，它的角是向后戳的，而它自己是向前行

动的。蒂菲粪金龟的三叉戟虽然是向前的，但根本就用不着。我将这些工具剪掉，它依然可以好好地干活。

既然不是劳动工具，那这些武器应该跟牛、山羊的角一样，是进攻敌人和保护自己的工具吧！也不是，因为嗡蜣螂之间很少打架，即使遇到危险它们也不抵抗，而是喜欢把脚蜷到肚子下面装死。

那么这些盔甲只能是装饰品了，好让它们像一个大将军一样威风凛凛，这样就能吸引更多的异性，在争夺异性中取得胜利。竞争成功的食粪虫发现了这些装饰品的好处，就把这些特征遗传给自己的后代——这是进化论的解释。

我倒是觉得，它们天生就有这些特征，很久很久以前也是这样，并非生存竞争导致它们如此喜欢打扮，而是它们天生就是美人胚子。

它们如此长寿

20天左右的蛹期过后，嗡蜣螂和缨蜣螂就过完了吃吃睡睡的少年生涯，变成一只成虫。它们就像过年一样，开心地脱去旧衣裳，穿上一身半白半红的新衣服，然后就等着出门看外面的花花世界了。

雨来了，解放的日子也到了。成虫用自己略带稚嫩的工具，轻松抓破已经变软的粪壳，冲了出来。外面，它的父母正等着迎接它，大家要为它的顺利解放开一个派对。看吧，外面骡马的粪便就是你们的大餐，绵羊的粪便将成为你们的甜点。

这是迄今为止我在昆虫界看到的最奇特的现象：父子两代虫子竟然有重聚的机会，它们甚至可以同桌吃饭！而一般的昆虫，母亲产卵完毕就离开了，冬天就会死去，来年才能解放的幼虫根本就没有与母亲相遇的机会。见不到自己的父母，这就是昆虫界的规律。可是这父母与子女不相见的风俗，现在被食粪虫们打破了——所有在春天挖洞产卵的食粪虫父母都能亲眼见到自己的孩子。我笼子里的居民突然增加了许多新生的幼虫，它们毫不顾忌地与父母坐在一起享用粪便，就好像在参与为了全家团聚而刻意举行的盛宴一样。

冬天到了，圣甲虫、嗡蜣螂等食粪虫也带着自己的粮食，重新挖一个地

洞冬眠去了。一月份的时候，我好奇地挖开它们的地洞，将这些沉睡的虫子拿出来，放到阳光下。它们也只是稍微动了一下足和触角，好像是试探试探空气是否寒冷，然后就又不动了。

到了二月份，总是迫不及待地炫耀自己的杏树开花了，那些睡眠较浅的食粪虫，如嗡蜣螂、鬼蜣螂和额角嗡蜣螂，就被杏树的热闹吵醒了。它们纷纷爬出地洞，奔向新年的第一餐，将被太阳晒得温暖的粪便搬回家。很快，其他食粪虫也都一个个醒来，分解粪便、制作粪球的生活又开始了，它们又重新投入到热火朝天的劳动中。

更令我惊奇的是，经过一个冬天，这些食粪虫不但没冻死，反而强壮得很，还可以再举行一次婚礼，再生一次孩子，我真怀疑下一年它还有能力生孩子。我就见过宽背金龟选择了这样多彩的人生。我曾连续三年饲养同一只宽背金龟，它每年春天都能再造出一堆粪梨，将孩子们安排在里面，这在昆虫界真是闻所未闻的稀罕事。

蜜蜂在昆虫界算得上精英人物了，但它也只能活一年，蜜罐灌满之后不久，它就去世了。蝶蛾也是昆虫界的优秀人才，但它也是产卵完毕就死掉

了。还有那勤劳的步甲，它生完孩子就再也支持不住了，马上就死掉了，一刻也不多待。不仅仅是它们，昆虫界中的绝大多数居民都是这样的，很多母亲从来没见过自己的孩子，它们的孩子从小就是孤儿。

我想不通，食粪虫为什么这么特殊，可以活那么久，可以与自己的孩子共叙天伦。如果硬要为它们的长寿找一个理由，我想上帝是这样安排的：因为它们为美化大自然做出了杰出的贡献，理所应当享有此殊荣。

不负责的丈夫

很快我便要讲到，粪金龟夫妇是多么的夫唱妇随，多么的恩爱。所以当我看到粪金龟的近亲嗡蜣螂时，就想：家庭和谐的美好传统是否是所有食粪虫的共性呢？于是我就特别仔细地观察了这对夫妇。

以前我一直是在笼子里饲养食粪虫，因为所有虫子居住在一起便于嬉戏和交流，更容易养活。现在我要观察嗡蜣螂的夫妻生活，群居显然不是最佳选择，所以我打算将每对夫妻分开来饲养。于是我将家里的所有罐头瓶都搜集出来，找到了12个，然后在里面全部装上羊的粪便，每瓶中大约有1升左右，下面再放差不多1升的沙，就为嗡蜣螂准备好了一个家庭应有的材料。最后，我在罐头瓶上盖上一块玻璃，开始了我的“偷窥”生活。

有筑巢所必需的沙，有羊粪这样美味的粮食，有柔和的光线，嗡蜣螂夫妇看起来很满意。很长一段时间内，夫妇二人除了吃饭、睡觉，就是互相嬉戏、交配，这种状况一直持续到五月中下旬。我觉得雌嗡蜣螂该产卵了，就将它们搬到一个广口瓶里，里面同样装满了沙和食物。

我看到，这对夫妇在一起拥抱了10几分钟，就分开了，交配已经完成。

然后它们在食物旁边休息了一会儿，就各自走开去挖各自的地洞，然后各自钻到自己的地洞里去。一周左右之后，雄嗡蜣螂出现了。它看起来很烦躁，只想往上爬。它是不是想抛弃自己的老婆孩子，去寻求新的生活呢？

不久，雌嗡蜣螂也爬出洞来，径直来到粪便边，挑选它认为最好的材料，然后带到地洞里。很明显，它在筑巢，在为孩子们贮备粮食。而它的丈夫，对这一切却不闻不问，好像完全与己无关。

是不是所有雄嗡蜣螂都是这样呢？我又观察其他夫妻，答案是一致的：所有的雄嗡蜣螂都不肯承担丈夫的责任，为孩子筑巢和准备粮食的劳动一律交给了母亲。雄嗡蜣螂可能认为夫妻也没必要天长地久，也没必要相互忠贞，更不需要相互承担什么。

为什么雄嗡蜣螂不学学亲戚粪金龟的做法呢？雄粪金龟会帮助妻子挖洞，会和妻子一起准备孩子们的口粮，夫妻二人总是并肩作战，努力将自己

的小家庭经营得有声有色。难道雄嗡蜣螂不知道“夫妻同心，其利断金”这个道理吗？两只虫的力量可是比一只虫的力量大得多呀！

也许有人会说，可能昆虫需要分工的时候才有合作的必要。或许是雌嗡蜣螂用不着雄嗡蜣螂帮忙吧？

其实一只食粪虫也能单独完成家务活，不需要伴侣的帮忙，如圣甲虫就经常独立劳动。难道粪金龟自己一个人不能完成吗？应该能的，只是它们夫妻二人更愿意大秀恩爱，更愿意夫妇二人同心协力。辛苦的母亲最需要的不是丈夫帮自己一把，而是陪自己一起面对困难，哪怕站在洞外看守着粮食，或者为自己壮壮胆也好。可是雄嗡蜣螂连这些都做不到，真是一个不负责任的家伙。

亡羊补牢（一）

年轻时我曾对食粪虫进行过研究，发现了一些事实，也试着解释一些现象。但由于种种原因，当时的解释有一些是错误的，随着时间的推移，阅历的增加，我逐渐认清了自己的错误，于是现在需要对自己当初的断言进行纠正。首先我为自己当初的错误表示抱歉，但也忍不住为自己辩驳一句：谁敢说，收过的田里就再也没有遗落的稻穗了呢？一蹴而就是不可能的，做研究的时候，谁也不可能一下子将所有的细节都考虑到，真理是一点一点显现出来的。值得肯定的是，“亡羊而补牢，未为迟也”，只要及时将自己的错误纠正过来，就是进步。

我曾发现，西班牙粪蜣螂幼虫的房间内壁上有一些暗绿色的泥浆，我称之为“土豆泥”。我曾认为这些暗绿色的泥浆是粪料在高温天气中炙烤出来的“米油”，现在才发现，这个解释是错误的。

二十几年后，当我重新研究嗡蜣螂时发现，嗡蜣螂的幼虫居住在一个很大的房间里，卵被产在墙上，身体其他部位都悬浮在空中。整个房间空荡荡的，只有墙壁上发绿的糊状东西陪伴着它。这些绿色的糊状东西，应该不是被高温天气蒸发出来的“米油”，因为墙壁上涂了厚厚一层，更像故意涂抹上去的。圣甲虫、西班牙粪蜣螂等食粪虫的墙壁上虽然也有这样的“土豆泥”，但却没有嗡蜣螂育婴室里涂抹的面积大，保存的完整。

为了验证我的猜想，我做了一个实验。

我将羊粪塞到一个鸡蛋大的容器里，再用一个光滑的玻璃棒插在粪堆里钻出一个两三厘米深的小洞，做成一个窝，然后拿出玻璃棒，再用粪饼将口封上。这个实验可以让我发现两个事实，它们都能说明我先前的推测是错误的：

1.拔出的玻璃棒上没有墨绿色的东西。即使我给这堆东西三天的蒸发时间，然后再用玻璃棒去探测，仍然没有。

2.自始至终，墙壁上都没有这样的膏状物，而我挖出来的洞中之所以有，是因为那是幼虫的母亲刻意安排的。这就间接说明了，这些膏状物不是粪料炙烤的结果，而是食粪虫母亲刻意所为。我的实验中之所以看不到这层膏状物，是因为它纯粹就是一个实验品，这个洞是人工造的，没有卵，也没有昆虫妈妈的参与。

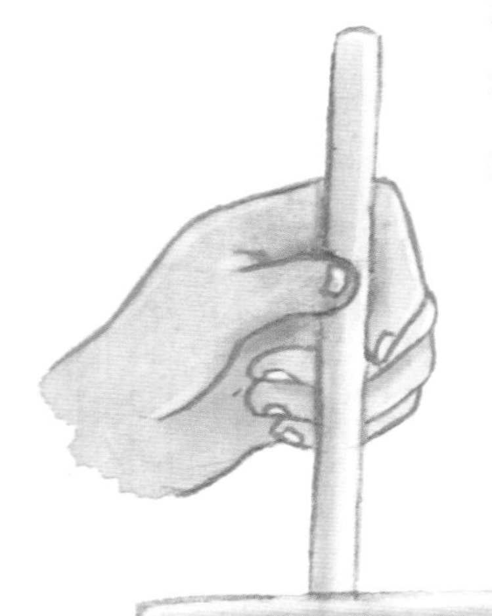

这一层膏状物究竟是什么呢？其实，这是一种特殊的食物，是妈妈特意为孩子准备的“乳制品”。

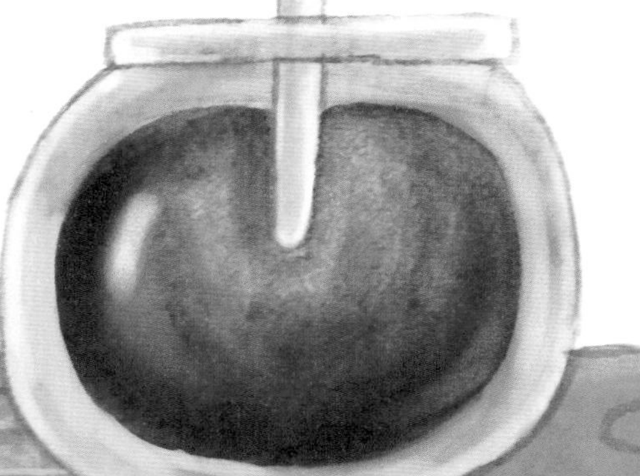

这让我想到鸟类。鸽子妈妈会先将肉吃到胃里进行消化，然后小鸽子再将喙伸到母亲的嘴里，吃妈妈用胃液消化好的食物。鸽子采取这样的喂食方式，就是为了便于小鸽子消化。

嗡蜣螂也是考虑到孩子的消化能力，才先将粪料吃进去，将食物消化变成膏状物之后，再吐出来给孩子吃。只是它不能采取口对口的形式喂食，所以就将这些东西涂抹到墙壁上，这样孩子一睁眼就能看到满屋子易消化的“乳制品”。幼虫在进食的时候，总是先舔食身边这些膏状物，然后才啃食后面的“面包”。这与我们人类的婴儿一样，刚出生时只能吃奶，长大以后才能吃干的、硬的食物。

只是涂抹膏状物的工作是在狭窄的房间里进行的，我没办法亲眼看到，即使我想看，嗡蜣螂一看到有光线进入也会立即停止工作。

这件事再次让我看到了食粪虫伟大的母爱精神，它竟然采取了与鸽子一样温柔的喂食方式。谁能想象一只终日躲在粪堆里的卑微虫子却能做出这么崇高的事呢？

亡羊补牢（二）

我还发现另一个问题：食粪虫卵被产下之后，在很短的时间内就长大了很多，身长几乎增加了一倍，体积则增加了七倍！而这样迅速的增长速度，在食粪虫中竟然很常见，例如圣甲虫，它刚孵化的时候房间对它来说还是很宽敞的，可几天之后它的身体竟然将这个房间都撑满了。

看到这种奇怪的事，我第一个反应就是：卵将养料吸收了。因为房间里都是粪料的气味，卵以粪料为生，所以即使它天天只是闻这样的气味也能让自己的身体膨胀起来。就像将一粒种子放在肥沃的土壤中，过不久种子也会变得膨胀。我第一次看到食粪虫的卵迅速膨胀之后就产生了这样的想法。

可是这个想法是多么奇特呀！试想一下，我们坐在烤肉店的门口，仅仅闻一闻烤肉的香气，就能填饱肚子，就能长肉吗？要是真有这等好事的话，乞丐就不用讨饭了，天天坐在烤肉店门口就行了。

可种子的例子摆放在那里，一枚卵应该也有这样的吸收能力吧！

什么叫做“应该”？正如西班牙粪蜣螂在墙壁上涂抹膏状物蒙骗了我，但我却在嗡蜣螂那里找到了事实真相，嗡蜣螂为什么不会用一枚膨胀的卵来蒙骗我呢？只是这次我是从蒂菲粪金龟那里发现了真相。

蒂菲粪金龟的卵不是被放在散发着食物香味的房间里，它的卵在食物外面且最下面的地方，周围没有食物，只有沙，但它的卵也同样长得很快，任何一个做记录的人都能看出它身体的变化。

而且，蒂菲粪金龟孵化之后，幼虫竟然比卵还大六七倍。幼虫在进食之前，必须先穿破一层沙子，根本不可能通过吸收食物的气味而膨胀，况且它在没穿透沙层之前，同样长得非常快。这又该怎么解释？

朗格多克蝎子的幼虫将要变成成虫的时候，身体突然增长了一倍，在进食之前，体积又增加了七倍。食粪虫的这种现象，应该与朗格多克蝎子相似。朗格多克蝎子之所以不进食也可以快速增长，是因为它身体内部正在进行着一次新的变化。比如说一个人，本来并不高，但他的骨头突然增长了一截，这样我们看起来他就长高了。我这个例子不太恰当，因为人需要经常吃东西，但这个例子却足能说明问题。

这些并非我凭空猜测，而是有科学根据的。一切物质都是由分子组成的，动物也不例外。分子与分子之间是有距离的。卵之所以迅速膨胀，是因为分子结构发生了变化，分子与分子之间的距离发生了变化。假如说卵壳的分子结构发生了变化，卵里面的物质就会迅速调整自己的距离，使卵整体协调、平衡。即使卵不用进食补充东西，肉体自己也会自动调整，不必等到进食之后再调整。这个道理就好比，蝗虫刚从蛹中蜕化出来之后，翅膀只有很小很小，但很快我们就会发现它的翅芽展开变成了宽大的翅翼。

关于卵膨胀这个话题，我也是最近才发现的，赶紧纠正了自己以前的错误。但我并不为自己的过错感到羞愧，因为进步就是在推翻无数个谬误之后取得的。谁也不能保证自己不犯错误，避免犯错的唯一方法就是什么也不做，什么也不研究，但这样永远不会有进步。

小贴士：食粪虫的便利

你知道吗？要想研究昆虫，必须首先找到很多很多的昆虫，这样才能观察到大量一致的现象，然后得出结论。研究过程中，不能看到一只虫子怎么样，就想当然地推测所有的虫子都是这样的。必须通过大量的观察，在大量事实的基础上得出结论。

所以寻找实验对象对我来说就是很重要的事。可有些虫子很难找，我们全家5个人就曾经花费一个下午去找黄地老虎幼虫，但却一只也没找到。在我的记忆中，曾引起我们这些抓虫人轰动的虫子有：天使鱼楔天牛，这种昆虫身披一身淡黄色的衣服，上面还点缀着层叠状的黑绒，看起来像一个贵夫人，它喜欢居住在干枯的树莓中；步甲，它的特别在于乌黑的鞘翅上镶着如紫水晶般的滚边，非常漂亮；吉丁，它集绿孔雀石的高贵和黄金、铜器的光芒于一身，华美异常，等等。这些昆虫都非常漂亮，也非常罕见，所以第一个找到这种虫子的人立刻就受到了大家略带醋味的祝贺，每个人也都为有幸见到这么漂亮的虫子而欣慰。

我的笼子里养了很多罕见的昆虫，如步甲、花金龟、吉丁、天牛等。这些都是一只一只发现的，我非常珍惜。但对于这类昆虫，我对它们的感情是

矛盾的，一方面为它们的美丽而欣喜，一方面为难以找到它们而痛苦。

但食粪虫却不会让我陷入这样的苦恼。食粪虫虽然出没于我们不齿的粪便中，但这却丝毫不影响它们的美丽。比如，一身黑装的嗡蜣螂给人酷酷的感觉，有的还有乌黑的闪光，它的身上还有很多漂亮的装饰品。鬼嗡蜣螂长着浅栗色的鞘翅，非常洋气，鞘翅上还有半圆形的黑色斑点呢！叉角嗡蜣螂，则很会运用光线的作用将自己的短翅照亮，看起来像一块正在点燃的煤，非常壮观。而且一般的蜣螂身上都有金属光泽，散发着佛罗伦萨青铜的光芒，使它们像一个个耀眼的明星。还有的嗡蜣螂身上则以纹路、珍珠斑点、希伯来方块字等东西装饰。总之，没有一只嗡蜣螂是不注重自己外貌的。

可要找到这些漂亮的虫子一点也不困难，我可以很快收集满一瓶子，让大家羡慕得透不过气来，所以寻找食粪虫对我来说是一件很快乐的事情。

食粪虫之所以容易找到，是因为它们的数量多。春天来了，其他的虫子还没有爬出地面，勤快的食粪虫就成群成群地出去采集粪料了。尤其是嗡蜣螂这种小个子食粪虫，翻开一个粪堆，你可能会在下面发现成千上万只，那场面真是壮观极了。如果某个下午我的任务是寻找食粪虫，一下午我都会很开心，因为我的收获会很丰盛。

而且寻找食粪虫几乎不受时间的限制，从二月份到九月份几乎都能有所收获。甚至在炎热的七八月，其他昆虫都热得转移到地底下活动时，这些喜欢粪便的虫子依然顶着火辣辣的太阳热火朝天地干活。

食粪虫的数量这么多，我想与它们的长寿有很大关系。因为长寿，老一代的食粪虫还没有死去，它们的儿子甚至孙子都已经出来了。这样几代同堂的大家庭，人口数量怎么会不多？

感谢你们如此长寿，让我不再为难以找到实验对象而苦恼。

粪金龟

老练的挖井人

九月初，粪金龟开始为儿女们筑巢了。

粪金龟的窝巢分为两种：

一种是为自己过冬准备的巢穴。这种巢穴通常很深，是专门用来躲避严冬的。因为地表层容易发生霜冻，这样的寒冷是一只虫子无法承受的，它必须将巢挖得尽可能深一些。

另一种巢是为后代们准备的。这种巢不太深，一般深度在30厘米左右。我的笼子不够高，它们挖得就更浅了，我从来没见过哪只

粪金龟将笼子中的土层钻透，这可以间接证明，第二种巢不需要太深。

后代们的巢之所以这么浅，原因应该是这样的：为后代筑巢的时间很短，它如果也挖一个很深的洞，会很浪费时间，也许冬天来临之前它所有的工夫都用在筑巢上了，根本没有时间储存粮食和产卵。更何况，为了预防寒冷的冬天，它还必须为自己留一些时间，挖一个深一点的洞。总之粪金龟还有很多工作要做，根本没时间挖那么多深洞。

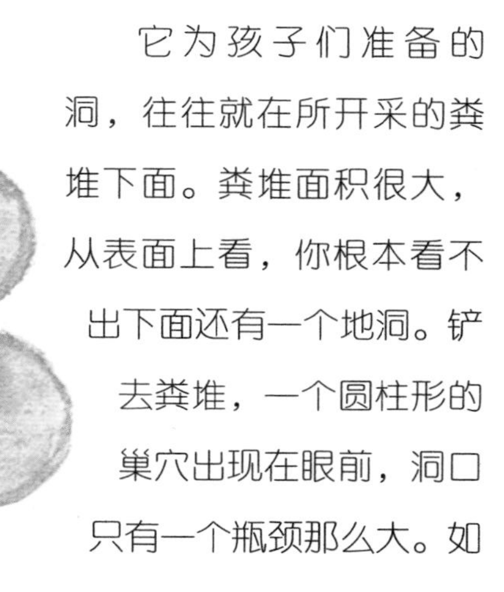

它为孩子们准备的洞，往往就在所开采的粪堆下面。粪堆面积很大，从表面上看，你根本看不出下面还有一个地洞。铲去粪堆，一个圆柱形的巢穴出现在眼前，洞口只有一个瓶颈那么大。如

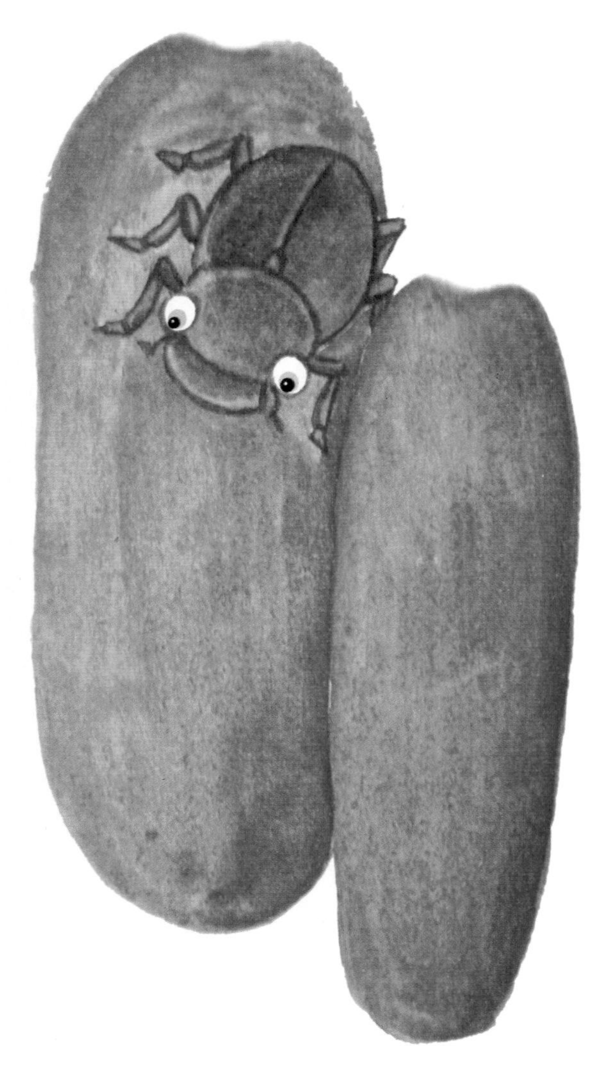

果土层是均匀的土质，那么这个洞就像一口井，笔直笔直的；如果土质很不均匀，一会儿是沙，一会儿是泥，一会儿是石头，一会儿又是树根，那么地洞就会弯弯曲曲，拐来拐去的。即使我在笼子里放上了均匀的土质，原本笔直的洞，遇到笼子底部的木板时，也会弯曲成肘形。由此可见，粪金龟挖洞并没有什么原则，而是随着土质的变化而灵活改变。

洞的尽头，没有揉搓粪球或粪蛋的大厅，也没有特别留一块宽敞的地方，而是一个死胡同，直径大小与洞的其他地方没什么不同。如果碰到不均匀的土质，这里会有一个像瘤一样凸出或弯曲的地方，这就是粪金龟幼虫的窝，真是简陋极了。

这个地道里的唯一财产，就是一截“香肠”，因为食物将这个笔直或者弯曲的通道填满了，“香肠”就是以地道为模具塞紧、压实做成的细长的柱形物。“香肠”大小，要根据每个挖掘工的习惯而定，粪堆粪金龟的“香肠”，一般直径为4厘米，长在20厘米之内；黑粪金龟的“香肠”要短一些。

由于“香肠”的模子是或直或弯曲的地洞，所以整截“香肠”也是或直或弯曲的。这截丑陋的东西，取代了粪球和粪蛋，成为粪金龟幼虫的口粮。

“香肠”

“香肠”的底部是圆的，跟地洞的底部一样；“香肠”上端的中心往下凹，说明粪金龟曾用力将食物往下压。这个“香肠”可以被一层一层分开，每一层都跟底部和洞口一样圆圆的，每一层所使用的粪料量，应该是粪金龟一抱的量。

粪金龟的工作流程应该是这样的：先从洞口的粪堆上抱一抱粪料，然后往下运送，放到洞底；然后再上去采集粪料，放到刚才那堆粪料上面，再使劲踩一踩，如此反复地运送和踩压，直到“香肠”够吃了。中心一直被踩压，所以下陷；四周的粪料不好挤压，所以比中间要高一些。于是整根“香肠”在这种堆积方式下，变成了一个结实且中间呈弯月形凹陷的作品。

制作“香肠”的粪料，只能是骡、马的粪便，而不能是绵羊的。因为绵羊的粪便太少了，太难采集了，它不可能在采集粪料上浪费这么多的时间。而骡、马的粪便一大堆一大堆的，到处都是，刚好方便它赶工。所以它在为幼虫制作“香肠”的时候，不太关心粪料的质量，只要数量够多就行，好让它快些加工完毕。不过据我所知，绵羊的粪便柔软细腻，更合幼虫的胃口，所以我就专门搜集了一大堆绵羊粪便，看看它们会不会拒绝。好在笼中的粪金龟都很识抬举，绵羊的粪料对它们来说成了意外的惊喜，它们毫不客气地将一堆柔软的粪料全部用掉了，造出了很多很多“香肠”，多得让我都没地方放。不过我不会浪费这些来之不易的“香肠”，我将多出来的放到玻璃管和白铁盒里，为它们做成了“罐头点心”，以备将来使用。

卵被产在底部，那里留了一个榛子般大小的孔，是婴儿的孵化室。孵化室的侧面墙壁很薄，可以方便空气的进入，便于卵呼吸。孵化室的墙壁上，有些微白的黏液，呈膏状，我现在已经知道了，这是粪金龟妈妈消化过的食物，更容易被幼虫消化，它把这些食物涂在墙壁上作为孩子的第一份口粮。

卵就腾空睡在这个榛子般大小的孔里，跟周围任何东西都不接触。卵为椭圆形，白色，但体积却很大，我在嗡蜣螂一章里已经分析了原因，这里不再重复。

防涝工程

与圣甲虫、西班牙粪蜣螂等食粪虫相比，粪金龟家里最大的不同是，没有粪球或粪蛋，只有“香肠”。

为了防止粪料又干又硬噎到孩子，圣甲虫妈妈和西班牙粪蜣螂妈妈煞费苦心，将粪料揉搓成最难干燥的球形、蛋形甚至是梨形，努力保持粪料的新鲜。而粪金龟妈妈却似乎不懂得这个道理，它只知道在地道中填满粪料，却不知道将粪料加工成精美的球形、蛋形，难道它不怕食物干燥吗？

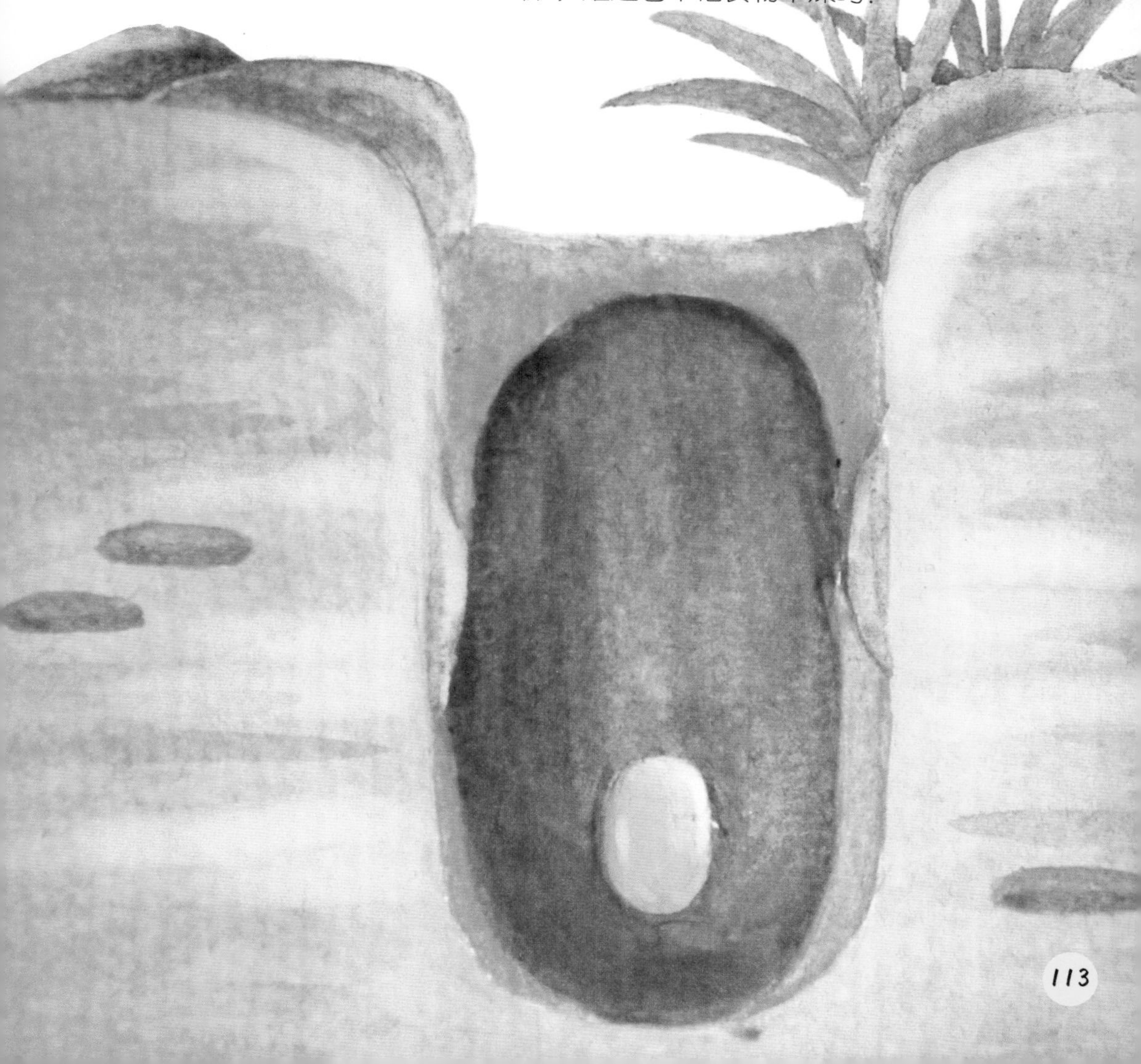

粪金龟妈妈不但不懂得干燥，而且好像在故意追求干燥。它的“香肠”真是长得出奇，表面积看起来大极了；而且粪料只是草草地堆积在一起，周围连一层防水的外壳都没有，直接与周围的泥土接触。这些都是让水分快速流失、粪料快速干燥的方法，与圣甲虫和西班牙粪蜣螂的竭力避免干燥的做法相反。粪金龟妈妈为什么做这么愚蠢的事呢？

事实是这样的：圣甲虫和西班牙粪蜣螂都是在七月份筑窝，这是一年中气温最高、最热的时候，水分蒸发得也很快，粪料自然容易干燥。这些食粪虫将食物加工成粪球、粪蛋的样子，就是尽可能地避免干燥。而粪金龟的筑巢时间在九月份，已经到了秋天，天气没那么热。九月份的几场秋雨也使泥土不那么干燥，它的“香肠”就等于镶嵌在凉爽湿润的泥土里，可以在相当长的一段时间内保持柔软和湿润，所以不必刻意追求球形——这是粪金龟不揉搓粪球或粪蛋的直接原因。

粪金龟不但不需要刻意使粪料保持湿润，还要追求粪料的干燥呢！秋季雨水频繁，且连绵不绝，难得有一个好太阳。选择在这个时候筑巢的粪金龟，最大的难题就是避免粪料过分湿润，避免食物发霉。所以一有好天气，

它就将自己的粪料“晒一晒”。它晒粪料的方法，就像我们晒被子时把被子摊开一样，需要让粪料的表面积尽可能地大。球形和蛋形显然是不合适的，它们的表面积太小，水分难以蒸发掉。“香肠”的圆柱形却能提供较大的表面积，使水分迅速蒸发，粪金龟就不必担心食物因为过于潮湿而发霉了。圆柱形的粪料即使遇到下雨天也没事，它可以让雨水流失得更快一些。天晴了，土地干得很快，与土地直接接触的粪料的水分也会快速流失。

总而言之，粪金龟根本用不着防旱抗旱，它特意将粪料制作成“香肠”的样子反而是为了防湿防涝。

球形和蛋形在炎热的七月份时，对幼虫来说是最合适的粪料堆积方式；到了多雨的九月份，球形和蛋形又成了导致食物发霉的元凶，必须换成圆柱形。从球形、蛋形到圆柱形，表面积由小到大，这里面蕴藏的几何知识，食粪虫们知道吗？它们知道改变粪料的形状意味着什么吗？也许它们并不知道，只是本能在指挥它们这么做。

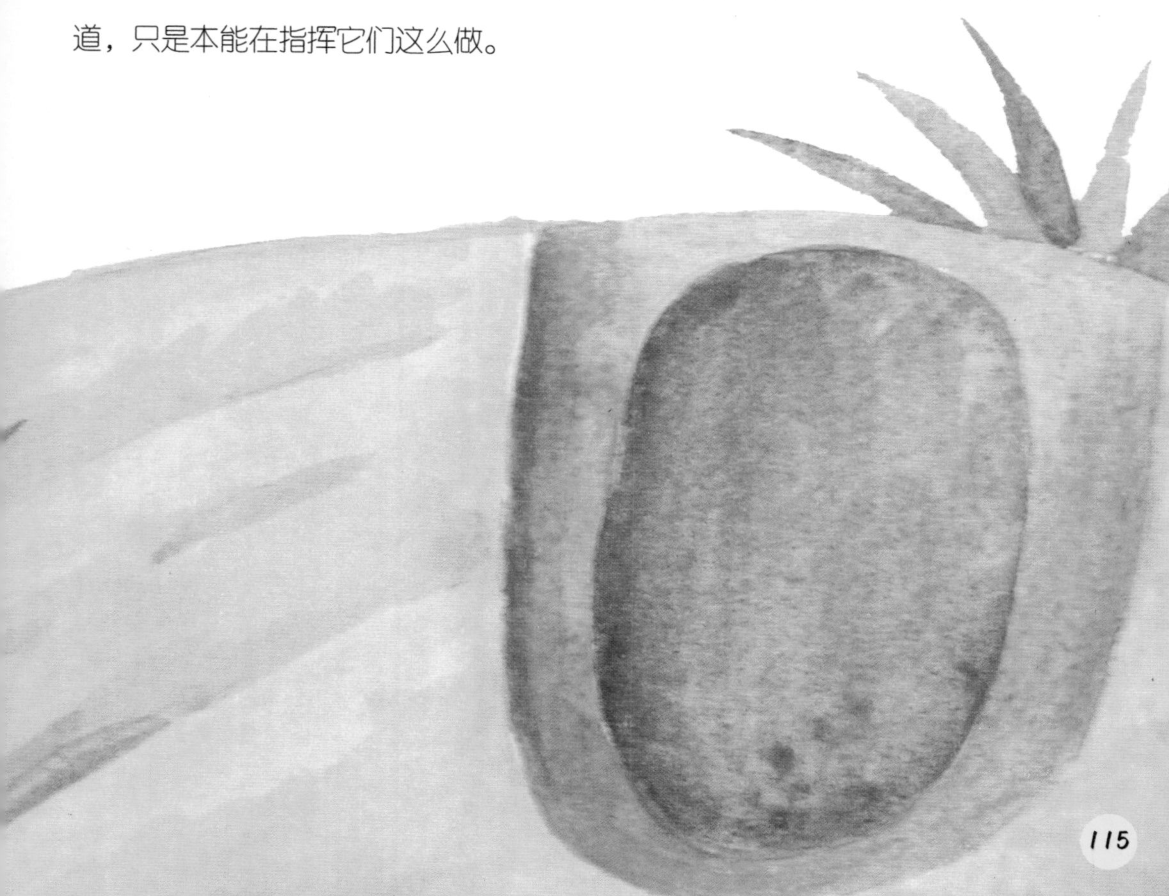

夫妇协力制作“香肠”

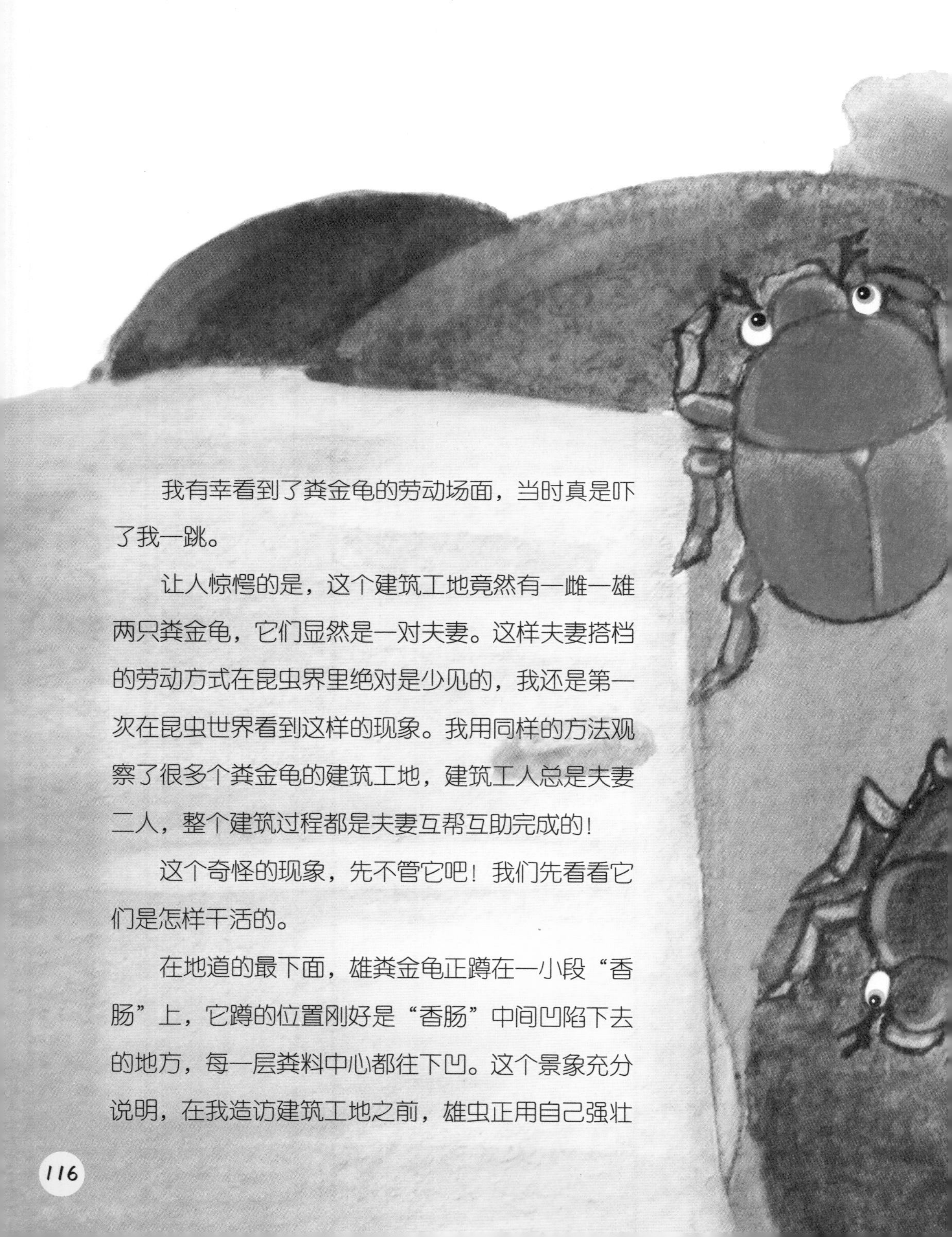

我有幸看到了粪金龟的劳动场面，当时真是吓了我一跳。

让人惊愕的是，这个建筑工地竟然有一雌一雄两只粪金龟，它们显然是一对夫妻。这样夫妻搭档的劳动方式在昆虫界里绝对是少见的，我还是第一次在昆虫世界看到这样的现象。我用同样的方法观察了很多个粪金龟的建筑工地，建筑工人总是夫妻二人，整个建筑过程都是夫妻互帮互助完成的！

这个奇怪的现象，先不管它吧！我们先看看它们是怎样干活的。

在地道的最下面，雄粪金龟正蹲在一小段“香肠”上，它蹲的位置刚好是“香肠”中间凹陷下去的地方，每一层粪料中心都往下凹。这个景象充分说明，在我造访建筑工地之前，雄虫正用自己强壮的足使劲踩脚下的粪料，粪料中间这才有了凹陷。

雌粪金龟在最上面，接近地道的出口处，它正抱着一团粪料。由于我的突然造访，它吓呆在那里，不过仍然没放下怀中的粪料，显然这是刚从上面采集来的。它就这样悬空站在高处，身体撑在周围的墙壁上，在阳光的照射下，僵直着身体。根据这个姿势，在我来之前，它应该承担着运输工的工作，将粪料递给下面的雄虫。这个幸福的妻子，只承担生孩子和照顾孩子的责任，堆积粪料、踩压粪料这样的重活，就交给丈夫干吧，它只需要在旁边打打下手，做一些运输的轻活。

它们的“香肠”刚开始很短，紧紧地铺在地洞最下面，从上面采集来的粪料，已经变得很碎了，也许这是夫妻二人故意弄的，整块的粪料可能不好消化。到了产卵的时候，雄虫就悄悄躲在一边等候。妻子刚产完卵，丈夫就带着准备好的粪料，辅助妻子做成一个厚厚的拱顶，用“水泥”糊好，封住孵化室，以便再往上继续堆积粪料。整个过程都是细致活儿，灵巧要比力气更重要，所以这个工作由心灵手巧的雌虫完成，雄虫则干运输灰浆的简单活儿。

屋顶变厚之后，能承受压力了，就不需要再这么细致了。于是雄虫又替换雌虫，回到下面继续承担踩压粪料的工作，雌虫仍旧爬到上面，继续为丈夫运输粪料。一直到“香肠”制作完成，雌雄两虫的工作都不再发生变化，雄虫一直干着最繁重的活儿。看！那只威风凛凛肌肉发达的粪金龟，正用力将一捆草料压下去，偶尔，它还用自己坚实的手臂推粪料，努力将粪料压实。多能干的丈夫呀，无论妻子抱来的粪料多么乱，它都能通过这样踩压的方法，将粪料一层一层地铺好、压实。妻子除了运输粪料，

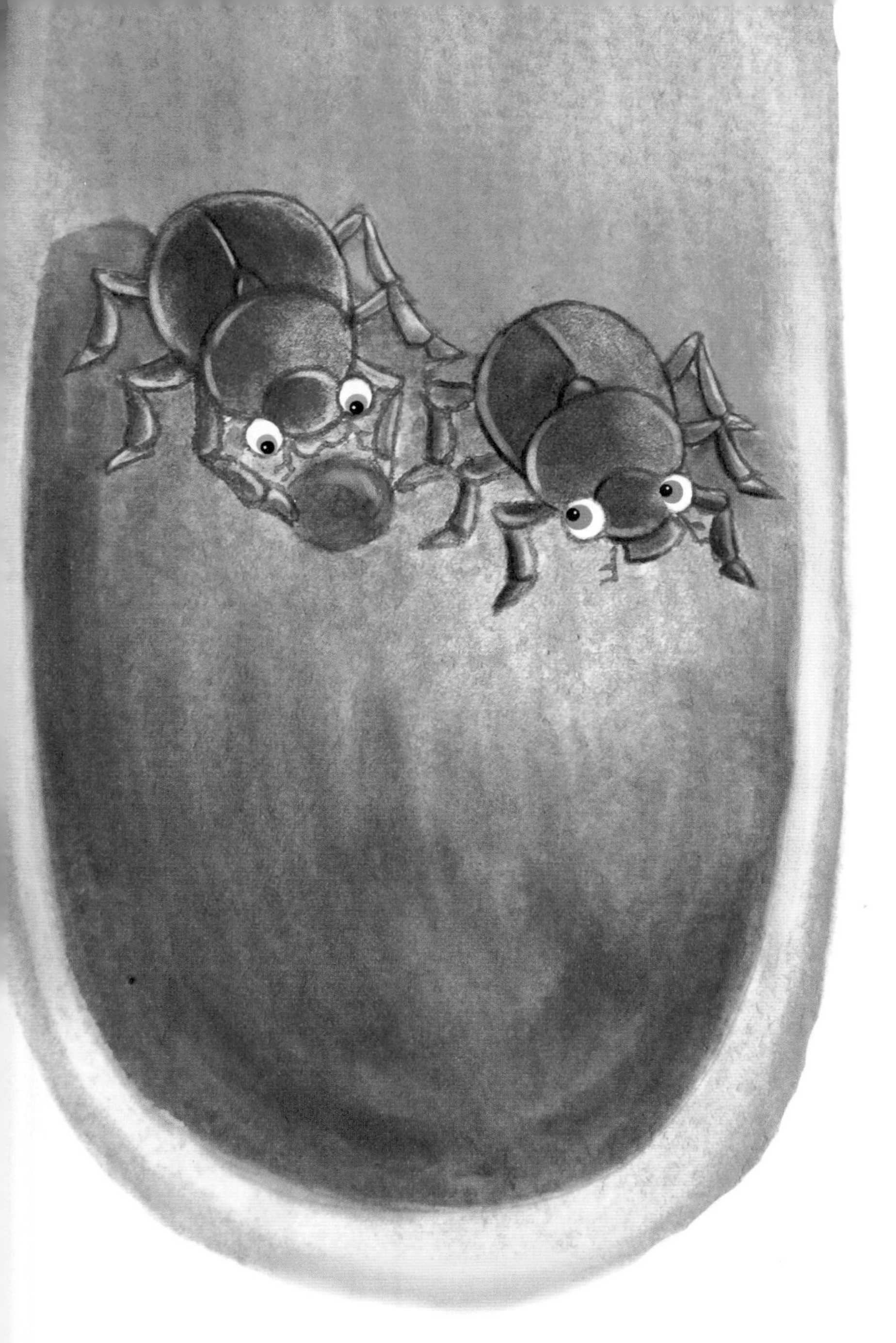

偶尔还跑到“香肠”凹陷的地方，也许是为了检查工作有没有漏洞，也许是为了让丈夫歇一会儿，自己顶替它踩压一会儿，它的动作也同样强硬有力，也能在“香肠”的中间踩压出来一个凹陷来。不过一般它都在接近通道出口的地方，专门为丈夫运输粪料。

凹陷的小坑与洞顶还有一段距离，刚好让我看见“香肠”的内部情况。原来粪料并非这样简单地堆积在一起，因为我看到了刻意粉刷的墙壁，粉刷的水泥则来自于最有弹性的粪料。这层墙有防水作用，可避免幼虫在阴雨连绵的天气里淹死。这堵墙应该是雌虫在运完粪料而雄虫还没踩压好的间歇时间粉刷出来的。当丈夫踩压的时候，它就挑一些细腻的粪料来粉刷墙壁，真正做到了夫唱妇随。

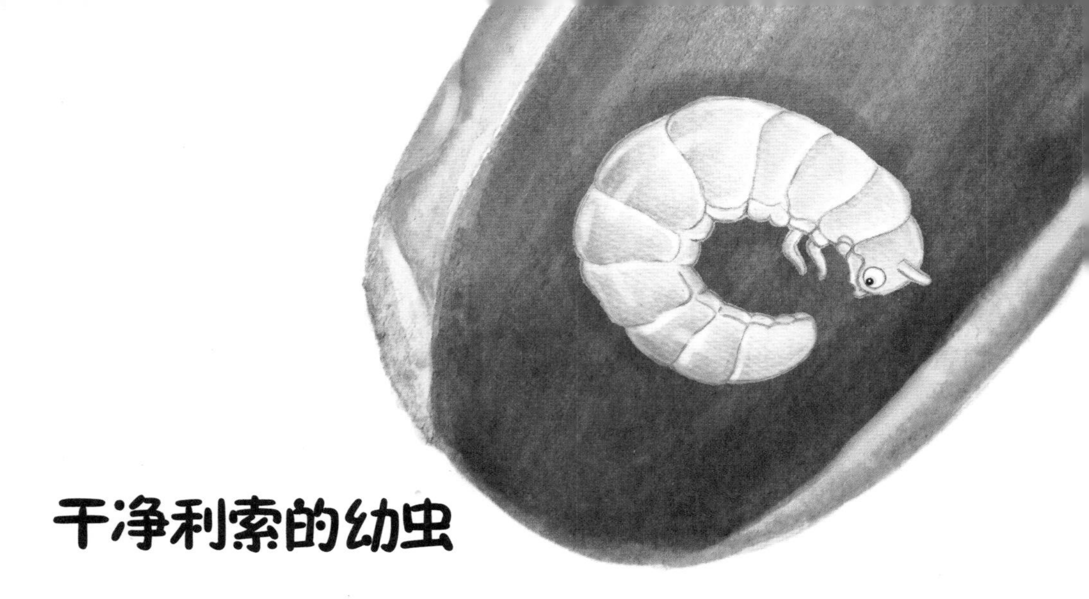

干净利索的幼虫

虽然粪金龟与圣甲虫、西班牙粪蜣螂是近亲，但它们却拥有完全不同的习俗。夫妻关系是一方面，我还发现了另一个重大不同，它来自于幼虫。

圣甲虫的食物，由于天气干燥或者其他不可知的原因，粪球上有时候会有裂缝或洞。如果这个洞不及时补好，就会有空气进入，粪球内的粮食将会迅速干燥，幼虫将会因为吃不到柔软的食物而饿死。所以圣甲虫幼虫，一发现粪球上有裂缝，就急忙分泌出一些“水泥”，以最快的速度将裂缝堵上。我曾刻意在粪球上挖个小洞，它总是能在最短的时间内将漏洞堵上。具有类似“补房”能力的还有西班牙粪蜣螂。

粪金龟幼虫的进食方式与圣甲虫幼虫相似，它就生活在“香肠”里。像圣甲虫幼虫掏食粪球里的粪料一样，它掏食“香肠”里的粪料，直到将“香肠”内部掏空。

不同的地方在于，圣甲虫、西班牙粪蜣螂等食粪虫的幼虫都是驼背，驼背里装满了专门修补漏洞的“水泥”；粪金龟幼虫的背是很自然地弯曲，没有驼背，里面也没有装着补洞的“水泥”。我用小刀在它的“香肠”上挖一个洞，它也不会马上跑到缺口这里检查并迅速将这个洞补起来。显然，它不在乎空气是否会进入，不在乎食物是否干燥。

为什么粪金龟幼虫没有补洞这样的防御能力呢？

粪金龟幼虫的“香肠”完全以圆柱形洞为模具，粪料紧紧被塞在这个模具里，根本就不会有裂缝，更不会有洞。而圣甲虫的梨形粪球就躺在一个宽敞的大厅里，四周空荡荡的，当然很容易肿胀、裂开、剥落。西班牙粪蜣螂的粪蛋，基本情况也与此类似，根本就没有粪金龟的“香肠”与模具这样紧密结合不会变形的优点。

即使粪金龟的“香肠”出现了裂缝，也不用担心有空气进入、食物会干燥这些问题，因为这是多雨的秋季，根本就不必担心干旱。

就是因为这两个原因，粪金龟幼虫根本就不必担心“香肠”有裂缝，因此也不必准备那样一个专门装“水泥”的驼背。它摆脱了其他食粪虫“水泥排泄大王”的称号，干净利索地度过了自己的幼虫期——的确是“干净利索”，它浑身光滑，皮肤像缎子一样，而且很有光泽，与其他食粪虫幼虫那样浑身褶皱完全不同。我很难想象，这个生活在粪料中的小生命，究竟是怎样让自己保持得这么干净的。

食物做成的保暖衣

提到排泄物，我忽然又想到一个问题：粪金龟的“香肠”这么大，它吃了这么多食物，该怎样解决自己的排便问题呢？

我看到，这个小生命，就像其他被关在蛹室里的幼虫一样，将自己排出的垃圾铺在地板上，做成软软的“棉垫”。这样可以有效地保护自己娇嫩的皮肤。如果看到妈妈粉刷的墙壁防水功能不那么好，它还可以用这些垃圾当水泥，重新粉刷上一层，不让秋季的雨水进来。如果它有兴趣，或者为了抵御呼啸的寒风，它也可以将“香肠”的缝隙给补上，让自己更暖和一些。

“香肠”差不多是垂直于地面的，幼虫的孵化室就在底部。它长大之后，就开始进攻头顶上的粪料，但从不吃周围墙壁上的粪料，因为墙壁对它来说是一件舒适的保暖衣。

圣甲虫幼虫的食物很小，只有一个梨形粪球，它吃完食物就可以变为成虫了，不需要过冬。粪金龟幼虫的情况则完全不同。它的“香肠”很大，是梨形粪球的十几倍，尽管它的胃口很大，但也吃不完这么多食物。它的食物不仅仅是用来吃的，还要承担着“外套”的功能，保护它过冬，所以它从来不动“香肠”的墙壁。

幼虫在进食的时候，不断慢慢吃头顶上的食物，为自己凿一个勉强可以通过的通道，身边多余的粪料，都充当了御寒的外套。然后，它一边往上钻洞，一边排泄，排泄物既可以垫脚，也可以粉刷墙壁，不让土层里的水渗进来，否则结冰之后就太冷了。天气好的时候，幼虫可以在家里散步，也可以漫不经心地啃咬食物，日子惬意极了。

这样大吃大喝五六个星期之后，冬天来了，它可以冬眠了。这时候，幼虫转过身子，在身后粪便做成的防御墙中挖一个光滑的小窝，躺下去之后，再用自己排泄物做一个被子盖在身上，它就可以睡大觉了。

虽然粪金龟夫妇给孩子挖的洞不够深，不能更好地抵御寒冷，可是却给孩子留了足够多的食物，孩子可以用这些食物御寒，也可以借助排泄物御寒——有这么多食物还担心没有排泄物吗？总之，食物就是它御寒的最好保暖衣。

天生的“瘸子”

我在研究粪金龟的时候，碰到了一个无法解释的难题。粪金龟在幼虫时期是一个腿脚不灵活的“瘸子”。可它变为成虫之后，不但不再瘸，腿反而变得很有力，能够踩压粪料。天生的“残疾人”没经医治就恢复了健康，而且原本虚弱的地方反而很强健。这种事情也太少见了吧！

冬天幼虫沉睡的时候，我取出来一只细细观看，发现它身体弯曲成钩状，背部往外突出，腹面几乎水平。皮肤很光滑，上半身洁白，下半身因为肠内有东西的缘故而变成暗色，背部中央有稀疏的纤毛。如果它想要活动，这些纤毛应该能帮它移动一下。它的头部为淡黄色，不是很大。大颚看起来很有力，颚尖颜色略深。两对前足很长，方便它在小窝里爬行。相貌观察到这里，它还是一只普通的虫子，真正抓人眼球的是第三对足。

第三对足看起来残缺不全，好像被截断了一样，只有前两对足的三分之一长。更奇怪的是，这对足不像正常足那样朝下弯，而是向上蜷曲，关节僵硬着指向背部，看起来苍白而没有生气。我还没见过这样的后足，只能用“残疾的后足”“萎缩的后足”来形容它们。

幼虫的这个特征很明显，即使是视力非常弱的人来观察，也能看出这对足的缺陷。它是一个天生的“残疾儿”，这是再肯定不过的问题。可是我翻遍所有资料，也没有谁提到过这样一双残疾的后足。

可是粪金龟的成虫呢？它不但没有残疾，而且后足比中足还要长，还要强壮，谁能想象这是一双残疾的后足蜕变成的呢？残疾的后足变成了成虫踩压粪料的最有力工具，残疾变得强壮，谁又能解释这是为什么呢？

人类可以推测出很久以前的事情，但却不知道为什么一个小生命天生就是残疾，更不知道它后来为什么又强健了。我们对生命的研究还真需要加强啊！

小贴士：进步源于丈夫的责任！

你知道吗？看到粪金龟夫妇协力劳动的场面，一句很有哲理的话冒到我嘴边：进步源于丈夫的责任！

我忍不住以“费雷蒙”和“波西斯”来称呼它们。在神话故事中，费雷蒙是一个模范丈夫，总是主动为妻子分担家务；波西斯是一个贤惠的妻子，在做家务的同时总是尽量帮助丈夫。这对夫妇因此成为恩爱夫妻的典范，和谐家庭的象征。粪金龟夫妇二人相敬如宾的情形，不会比费雷蒙和波西斯逊色。

在昆虫界，雄性昆虫的生活，只能用“吃喝玩乐”四个字来形容。它唯一的用处就是协助种族繁衍，承担家庭负担的从来都是妻子。因此对于一个昆虫家庭来说，丈夫往往起不到什么作用，螳螂就常常在婚礼之后残忍地吃掉自己的丈夫。

现在粪金龟开了一个先例。丈夫再也不是游手好闲的懒汉，再也不是对家庭不负责任的花花公子了。它承担起丈夫和父亲的责任，帮助妻子干重活，替孩子布置新窝，成为一个“模范丈夫”。像粪金龟这样的模范丈夫，迄今为止我在昆虫界只认识它一种，除此之外就只能到高等生物里去寻找。比如刺鱼，雄鱼会负责在沼泽地上筑巢，做一个小笼子，然后请妻子来产卵，而妻子什么都不用管。类似的还有蟾蜍、鸟类、人类。但是我们人类中的一些丈夫也不肯对儿女负责，真是连蟾蜍也不如，恐怕粪金龟也会觉得与其同性别而羞愧。

就从对家庭的态度来看，卑微的粪金龟已经超越了昆虫这一级别赋予它的使命。筑巢建窝是夫妇共同的工作，丈夫主动承担了造地基、踩压的重活，让妻子做一些轻松的运输工作，这是一个多么顾家、爱家的“好男人”呀！

粪金龟丈夫这样顾家的行为，不但为它赢得了极高的声誉，而且有利于种族的繁衍。造同样一个屋子，两只昆虫合作比一只单独建造要快得多吧？节省下来的时间，它们可以生更多的孩子，还可以改善自己的生活，这不是好事一桩吗？家庭的和谐与美好，丈夫承担了重要责任！

图书在版编目（CIP）数据

最恶心的食粪虫：嗡蜣螂、粪金龟 /（法）法布尔（Fabre, J. H.）原著；胡延东编译. — 天津：天津科技翻译出版有限公司, 2015.7
（昆虫记）
ISBN 978-7-5433-3498-4

Ⅰ. ①最… Ⅱ. ①法… ②胡… Ⅲ. ①鞘翅目—普及读物 ②粪金龟科—普及读物 Ⅳ. ①Q969.48-49 ②Q969.516.7-49

中国版本图书馆 CIP 数据核字（2015）第 103972 号

出　　版：天津科技翻译出版有限公司
出 版 人：刘 庆
地　　址：天津市南开区白堤路 244 号
邮政编码：300192
电　　话：（022）87894896
传　　真：（022）87895650
网　　址：www.tsttpc.com
印　　刷：三河市兴国印务有限公司
发　　行：全国新华书店
版本记录：787×1092　16开本　8印张　160千字
2015年 7 月第1版　2015年 7月第 1 次印刷
定价：23.80元